太空那些重要的事

蒋庆利　主编

为儿童量身打造的太空探索百科

吉林出版集团股份有限公司 | 全国百佳图书出版单位

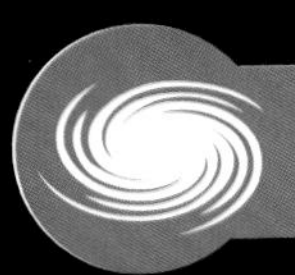

浩渺的太空

4 什么是太空
6 神秘的宇宙
8 宇宙大爆炸
10 宇宙中的星球
12 遥望星空
14 光线的观测
16 红外天文学
18 射电天文学
20 大型光学望远镜
22 天文台
24 哈勃空间望远镜
26 太空环境
28 太空垃圾

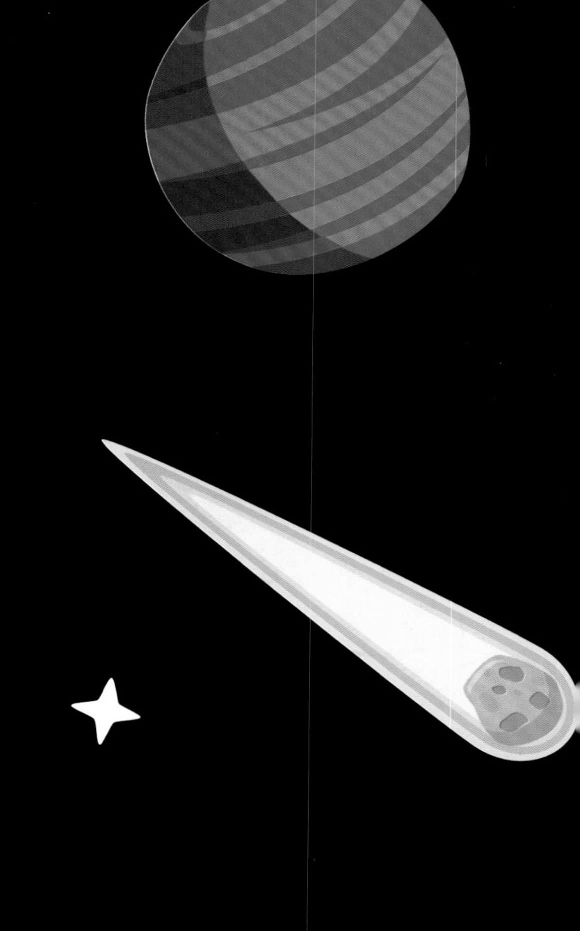

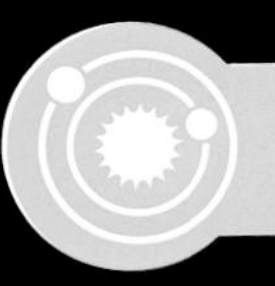

璀璨的天体

32 什么是天体
34 星系
36 椭圆星系
38 螺旋星系
40 不规则星系
42 河外星系

44 银河系
46 星团
48 星云
50 恒星
52 恒星的生命周期
54 行星
56 小行星
58 彗星
60 流星
62 陨石
64 黑洞
66 星座
68 北半球星图
70 南半球星图
72 人造天体

太阳系家族

76 太阳系
78 太阳
80 太阳内部
82 太阳活动
84 水星
86 金星

88 火星
90 小行星带
92 木星
94 土星
96 土星的卫星
98 天王星
100 海王星
102 冥王星
104 矮行星

地球和月球

108 地球
110 地球的诞生
112 地球的结构
114 大气层
116 地球自转
118 地球公转
120 地球简史
122 日食
124 大自然的力量
126 月球
128 月球的结构

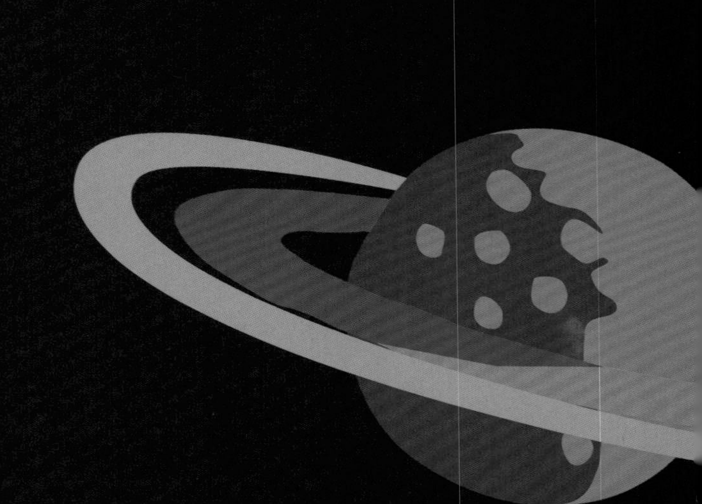

130 月球的表面
132 月球上的资源
134 月相
136 月食
138 潮汐

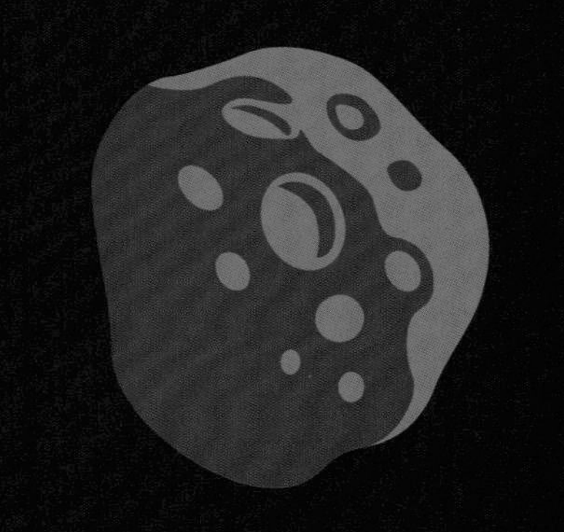

太空探索

142 天文学家
144 运载火箭
146 宇宙飞船
148 航天飞机
150 发射中心
152 人造卫星
154 空间探测器
156 空间站
158 太空先驱
160 登月
162 “阿波罗”计划
164 太空行走
166 宇航员在月球
168 火星任务
170 太空旅游

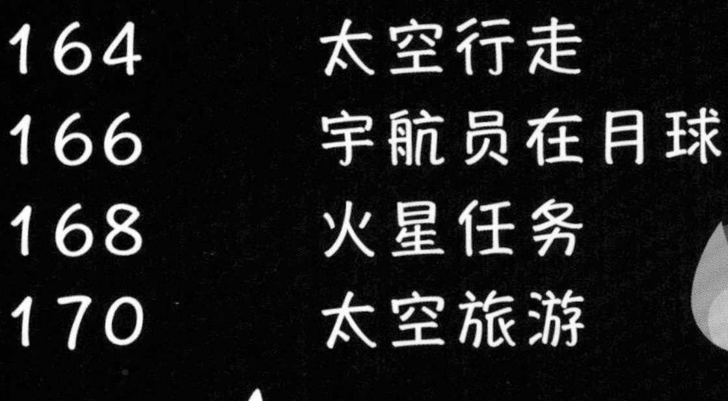

浩渺的太空

我们生活的地球只是浩瀚的太空中一颗小小的星球，在太空中还有广袤的空间我们没有涉足过，现在就让我们一起来探索一下吧！

什么是太空

在我们生活的地球外面，围绕着一层大气，大气层以外就是太空。

太空和地球的大气层并不是突然隔开的，而是从地面到天空，大气逐渐变得稀薄。

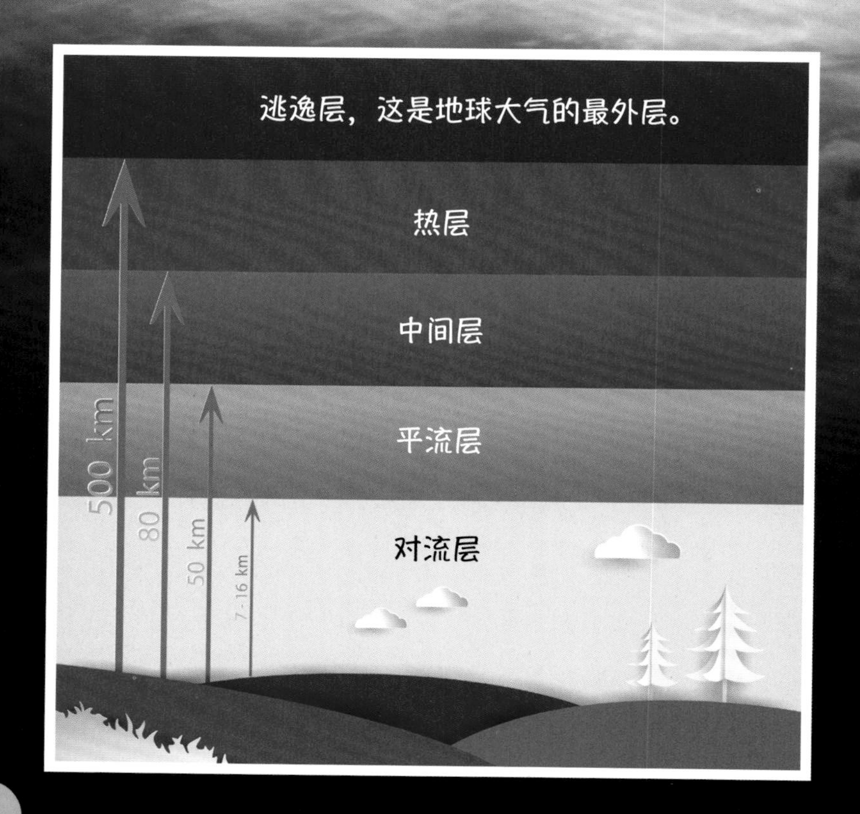

大气层由下向上分别为对流层、平流层、中间层、热层和逃逸层。

太空中除了能够发光的恒星和可以反射恒星光线的行星外，其他大部分区域看起来都是一片黑暗。

你知道吗？

太空的环境是高真空、微重力的，重力为地球上的百分之一甚至十万分之一。

航天飞机要想驶入太空需要摆脱地球引力，这需要火箭的速度达到每小时28000千米。

大气可以隔绝太阳的一部分辐射热能，并且可以保护地球表面。

驶入太空的航天飞机。

神秘的宇宙

宇宙自诞生之日起就是神秘且蕴含无限力量的，我们所探知的只不过是宇宙的九牛一毛。

宇宙的形状

我们生活在宇宙之中，无法知道宇宙到底有多大，是否有边界，也很难想象宇宙的形状。但科学家们认为宇宙是有特定形状的，它的形状是由其所包含物质的密度决定的。

不平静的宇宙

宇宙不是平静的，星系之间的碰撞，陨石撞击星球等这种事情时常发生，天体自身也会发生剧烈的变化。

星系碰撞

陨石撞击

宇宙是富有魔力的，它能展现出许多绚烂多彩和迷人的景象。

虫洞

虫洞也被称为时空洞，是指可能存在于宇宙中的能够连接两个不同时空的隧道。

平行宇宙

平行宇宙是指从某个宇宙中分离出来，与原宇宙平行存在的既有相似之处又存在不同的其他宇宙。仅存在于理论中，未被证实。

宇宙大爆炸

1927 年，比利时科学家勒梅特首次提出了“宇宙大爆炸”学说，认为宇宙是在一次大爆炸之后膨胀形成的。

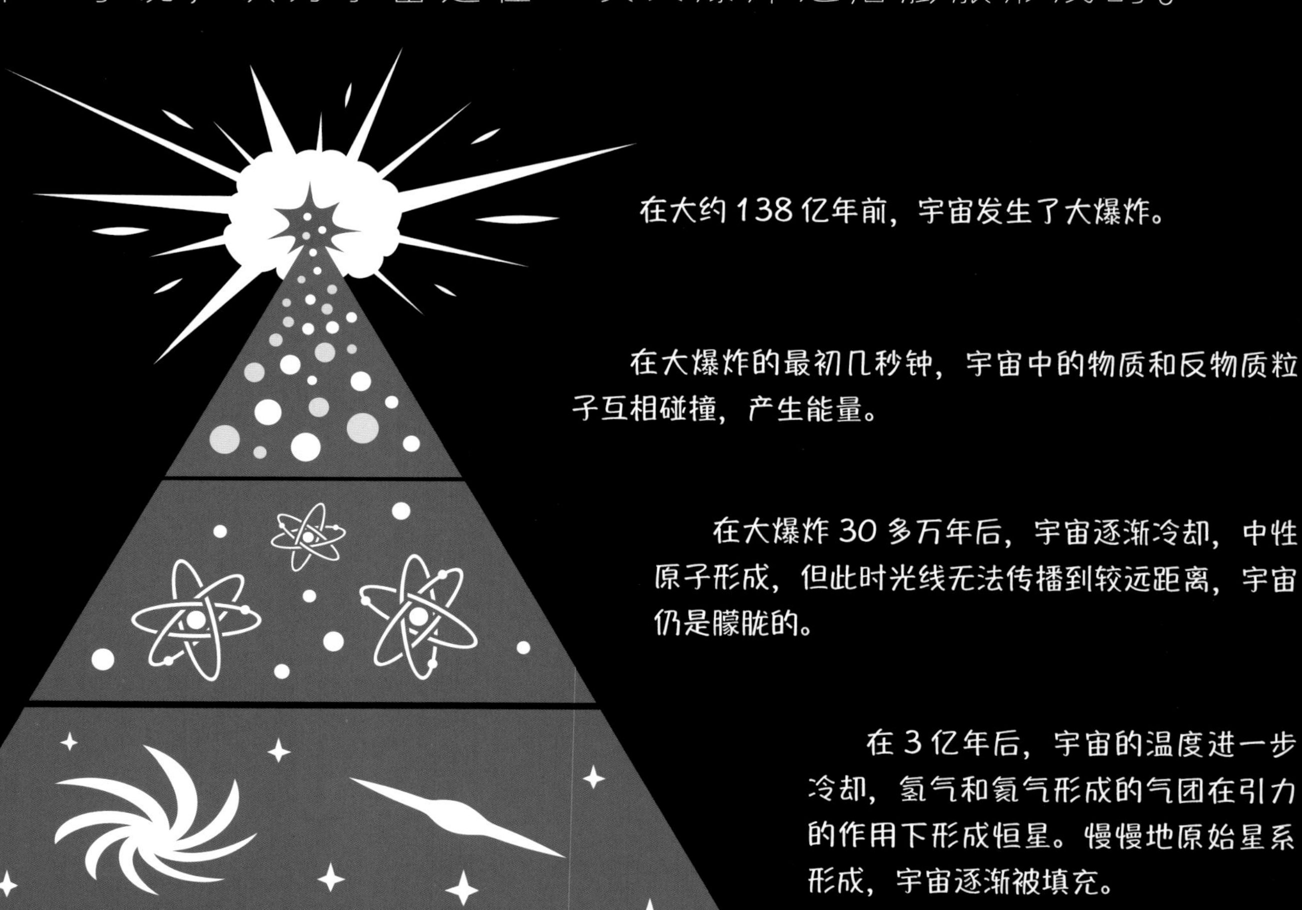

在大约 138 亿年前，宇宙发生了大爆炸。

在大爆炸的最初几秒钟，宇宙中的物质和反物质粒子互相碰撞，产生能量。

在大爆炸 30 多万年后，宇宙逐渐冷却，中性原子形成，但此时光线无法传播到较远距离，宇宙仍是朦胧的。

在 3 亿年后，宇宙的温度进一步冷却，氢气和氦气形成的气团在引力的作用下形成恒星。慢慢地原始星系形成，宇宙逐渐被填充。

随着宇宙中气团和星云的不断运动变化，逐渐形成了太阳、行星、卫星以及其他小天体。

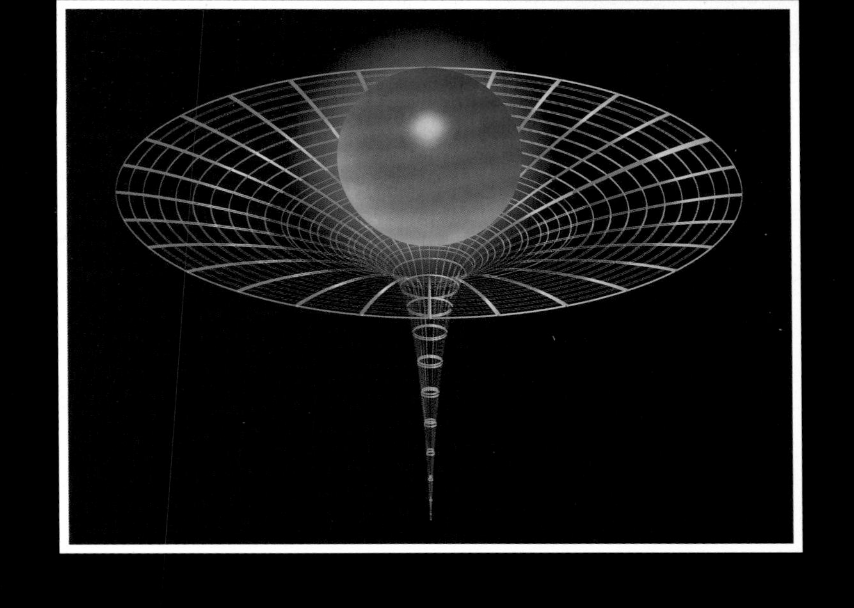

奇点

宇宙大爆炸是从一个体积无限小，密度无限大，温度无限高，时空曲率无限大的点开始的，这个点被称为奇点。

宇宙的形成

宇宙在爆炸后不断膨胀，不断冷却，在膨胀过程中释放了大量的能量，也不断形成物质和反物质，逐渐变成我们今天所看到的宇宙。

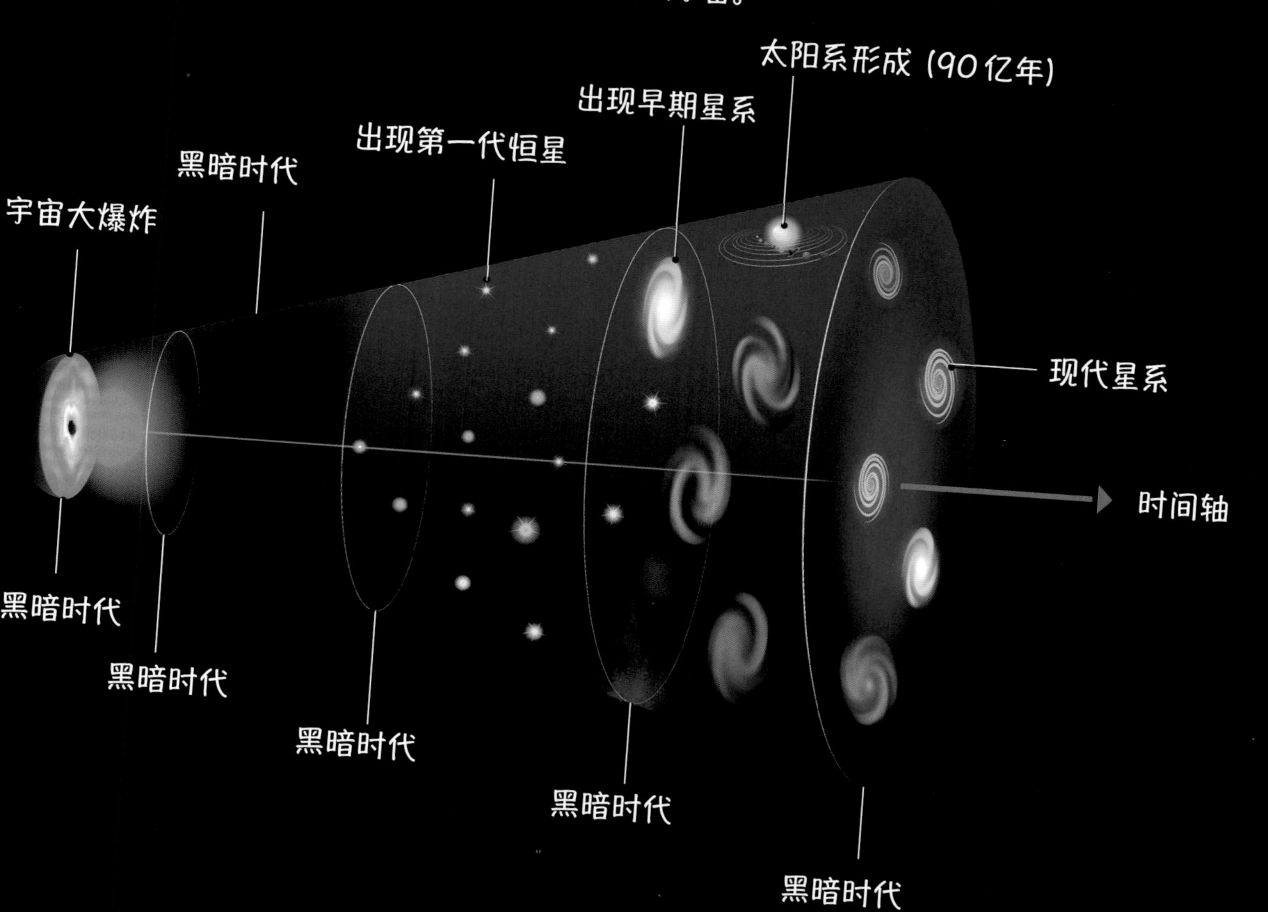

宇宙中的星球

星球是由各种物质组成的巨型的球状天体，它们有着属于自己的形状。

银河是由无数的恒星的光形成的，只能在晴朗的夜空中看到。

在喜马拉雅山脉能看到漫天繁星和银河。

数千年来，人们从未停止过对星空的探索。天文望远镜的问世帮助人们进一步揭开宇宙神秘的面纱。

恒星、行星、矮行星等都是宇宙中的星球。

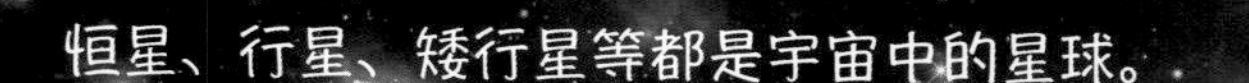

行星是一种围绕恒星运动的星球，太阳系有八大行星。

太阳是离我们居住的地球最近的恒星。

冥王星是太阳系中已知的体积最大的矮行星。

人类拜访过的星球

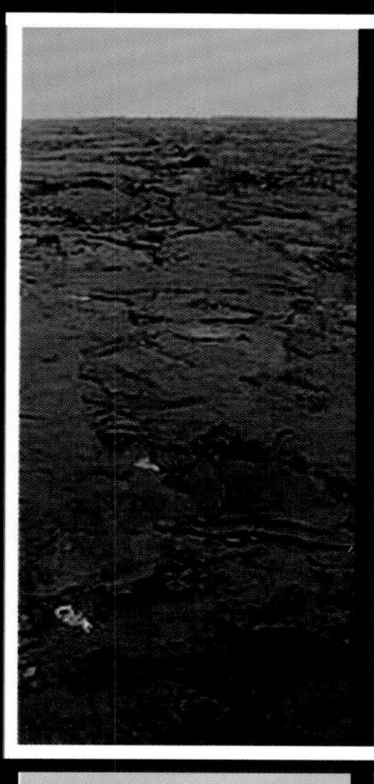

1970年12月，苏联发射的“金星7号”成功到达金星表面，它是首个成功到达金星考察的人类使者。

土卫六是环绕土星运行的一颗卫星，2005年1月，“惠更斯”号探测器降落在土卫六表面。

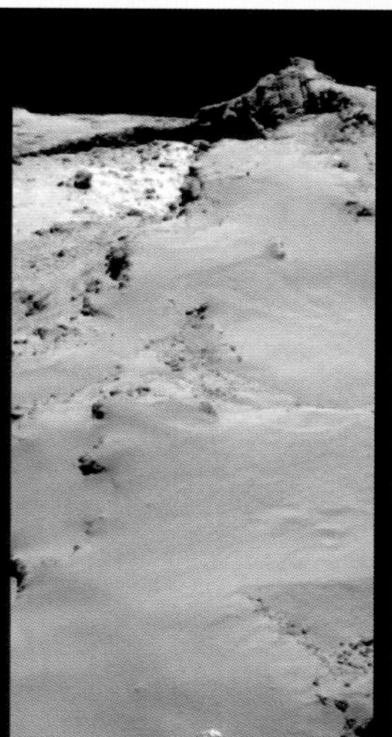

2004年11月，欧洲航空航天局发射的“罗塞塔”彗星探测器释放的“菲莱”着陆器成功在一颗彗星上着陆。

1969年7月，美国发射的“阿波罗11号”载人飞船成功登陆月球，这是人类第一次登上月球。

1976年7月，美国发射的“海盗1号”成为首颗登陆火星的卫星。

遥望星空

从古至今，人们都对星空充满无限的好奇心，总是在仰望星空，探索它的奥秘。望远镜的出现让人们离星空更近了一步。

你知道吗？

世界上第一架望远镜是1608年由荷兰的一位眼镜商汉斯·利伯希制造的。他偶然间将两块镜片折叠，发现可以清楚地看见远处的东西，受此启发，制作了望远镜。

1609年意大利天文学家伽利略·伽利雷发明了40倍双目望远镜。

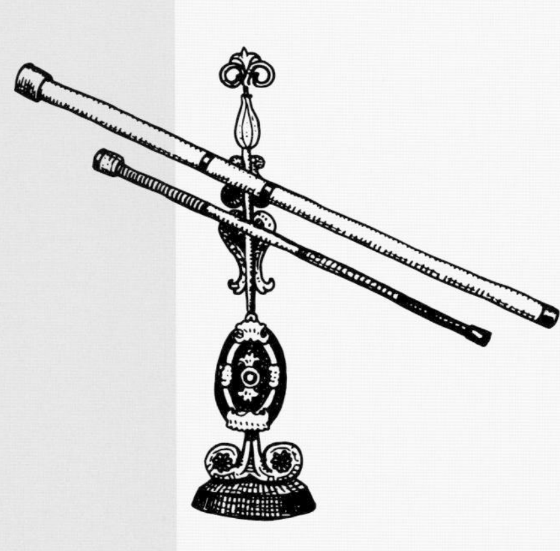

伽利略望远镜

伽利略望远镜是第一架投入科学应用的实用望远镜。伽利略用它发现了木星的四颗卫星，观测到土星光环、太阳黑子、太阳的自转等等，打开了近代天文学的大门。

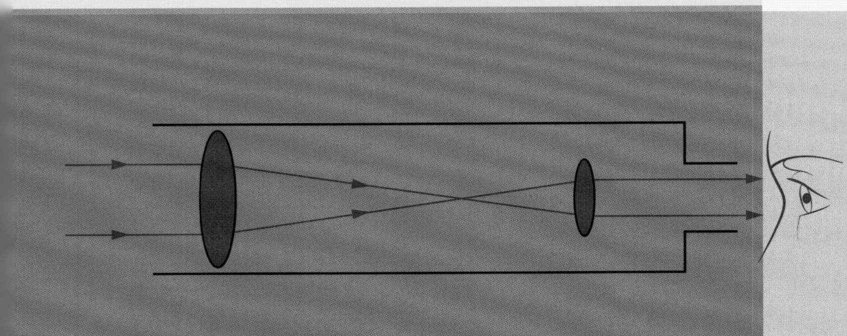

开普勒式望远镜

开普勒式望远镜是一种折射式望远镜，它的成像是上下左右颠倒的。开普勒式望远镜最早于1611年由德国科学家开普勒发明，它的视场设计得较大。

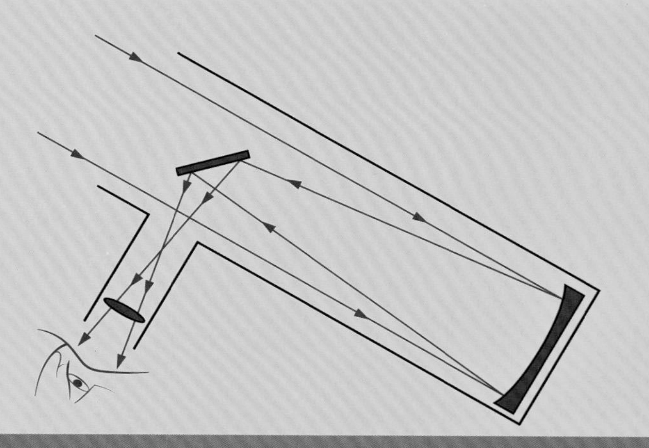

牛顿式反射望远镜

牛顿式反射望远镜是迄今为止使用最为广泛的一种反射式望远镜。1668 年，牛顿采用球面反射镜作为主镜制作出第一架反射式望远镜。

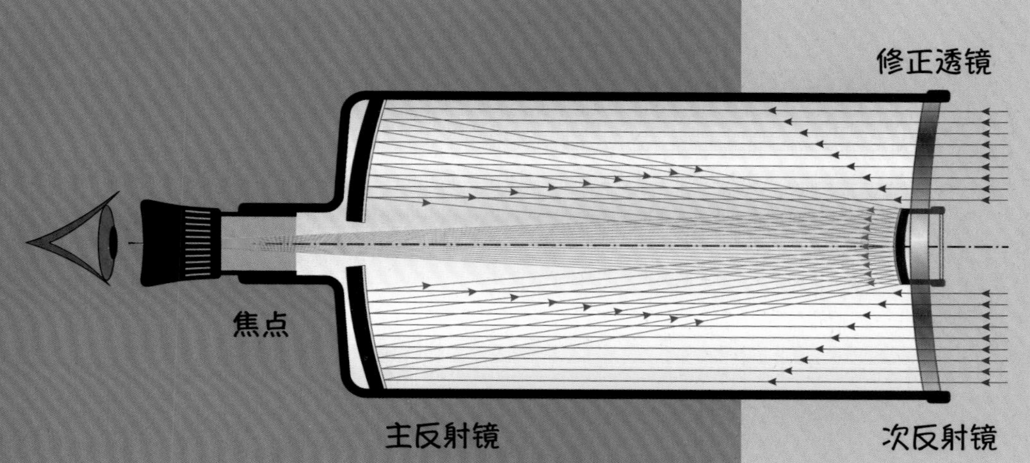

折射望远镜

折射望远镜使用透镜做物镜，利用屈光成像。

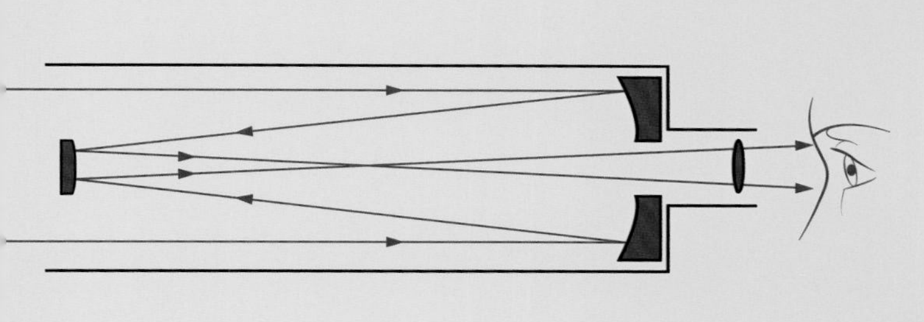

卡塞格林望远镜

卡塞格林望远镜是一种由两块反射镜组成的望远镜。

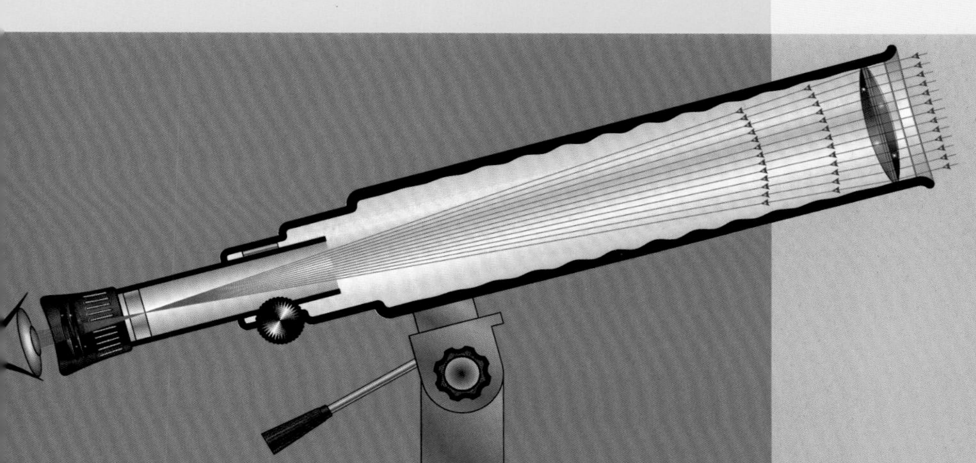

折反射望远镜

折反射望远镜兼有折射和反射两种望远镜的优点，它的光学质量好，视场大，光能损失较少。

光线的观测

光是宇宙中传播最快的物质，光线是指表示光传播路径的线。

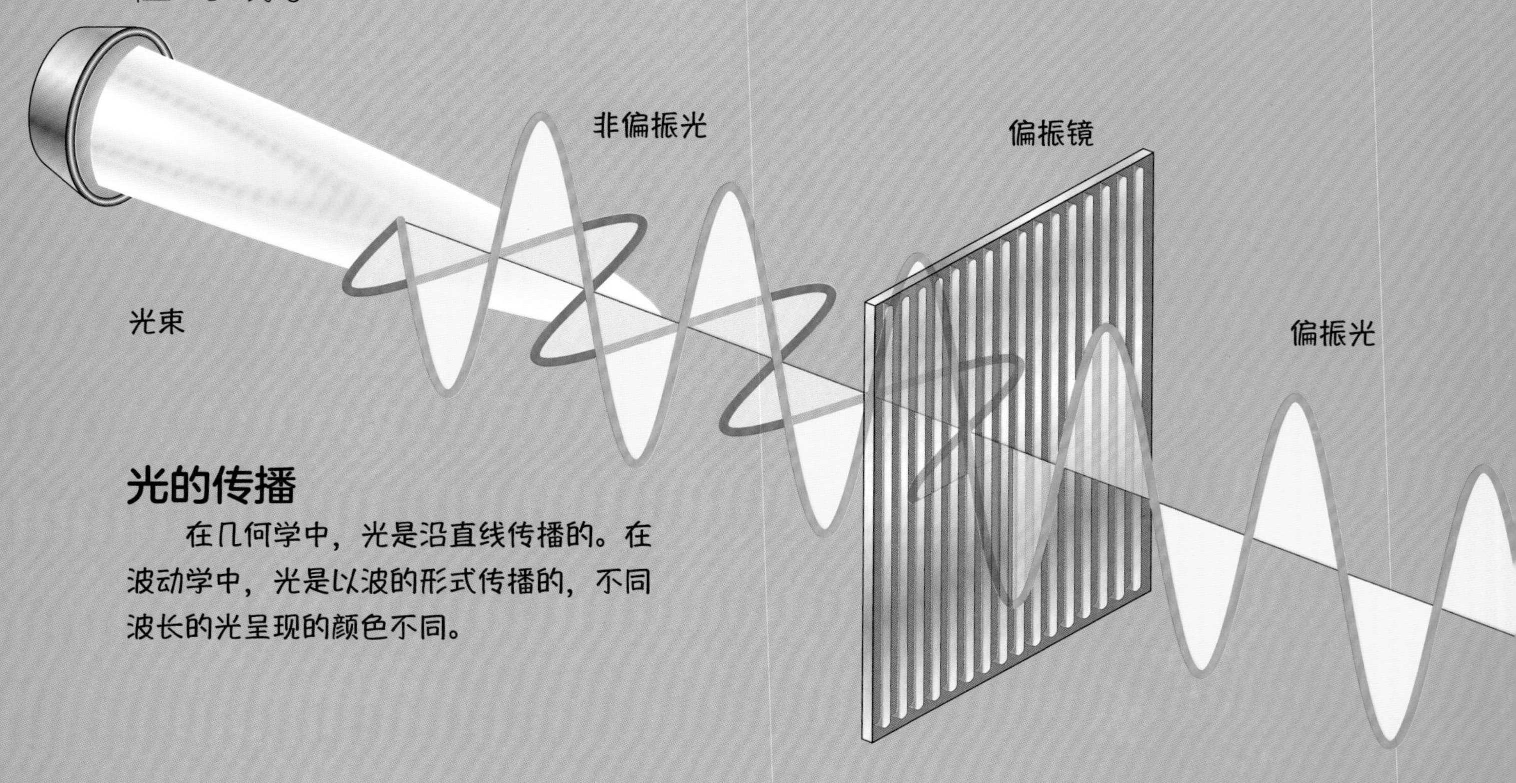

光的传播

在几何学中，光是沿直线传播的。在波动学中，光是以波的形式传播的，不同波长的光呈现的颜色不同。

大气、磁场和高能带电粒子这三者是极光产生的必要条件，缺一不可。

极光

极光是出现在高纬度高空的辉煌瑰丽的彩色光象。其中在南极出现的称为南极光，在北极出现的称为北极光。

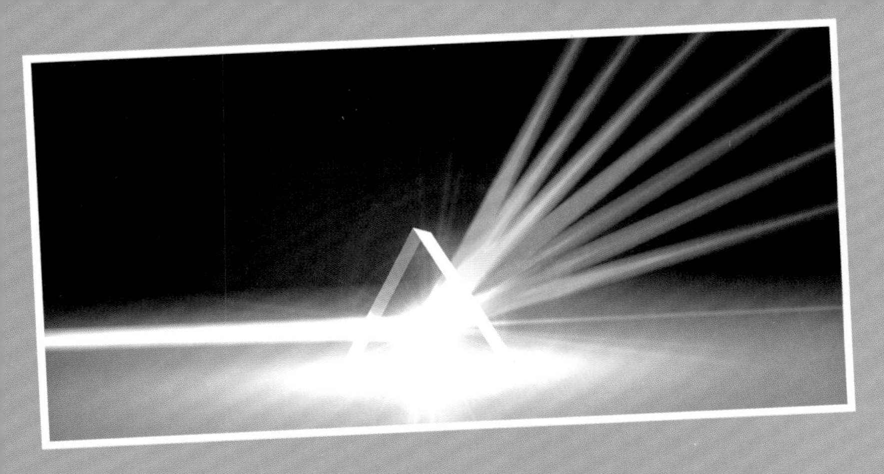

分光

白光是一种混合光，当它通过棱镜时会被分成多种颜色，这个过程被称为分光。

可见光

一般指能引起人的视觉的电磁波，可见光谱一般在 380~780nm 之间。

在太阳光的能量中，可见光只是其中很小的一部分。

白炽灯是可见光的主要人工光源，它主要通过热辐射发出可见光。

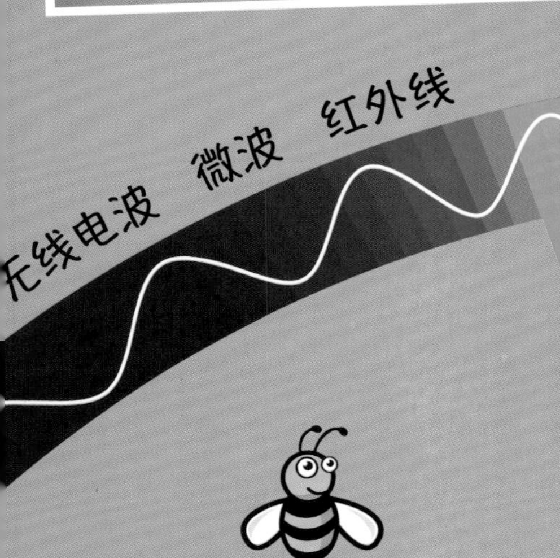

蜜蜂可以看见人看不见的紫外线波段，这可以帮助它们寻找花蜜。

波长	5×10^9	10,000	500	250	0.5	0.0005	纳米
能量	0.000000248	0.124	2.48	4.96	2,480	2,480,480	电子伏

红外天文学

红外线是一种不可见的太阳光线，红外天文学是一门用电磁波中的红外波段来研究天体的学科。

红外成像

红外成像是指利用探测仪器测量目标与背景间的红外线差，从而得到不同的热红外线形成的图像。

红外线的发现者

红外线又被称为红外热辐射，是由英国科学家威廉·赫歇尔于公元1800年发现的。

北美洲星云的红外照片

梅西耶82星系捕捉来自可见光、红外线波长的星光以及来自发光的氢丝的光。

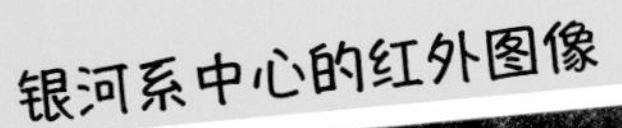

银河系中心的红外图像

你知道吗？

红外线的波长较长，穿透云雾的能力强，而且具有热效应，在探测、通信、军事、医疗等方面都有广泛的用途。

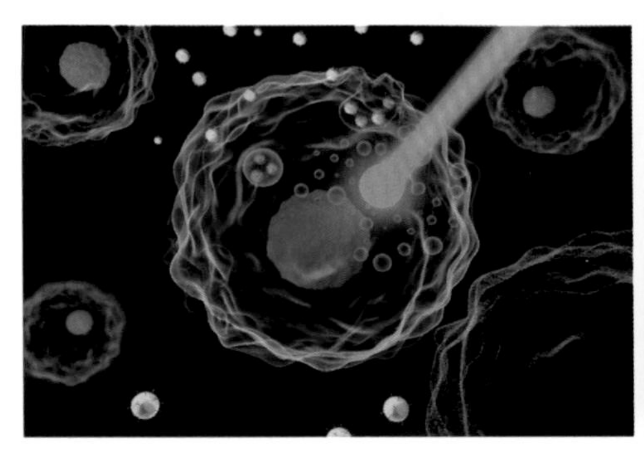

红外激光照射下的肿瘤细胞。

人们利用红外线的热效应帮助鹌鹑孵蛋。

斯皮策太空望远镜

斯皮策太空望远镜是人类送入太空的最大的一台红外望远镜，也是第一台能够与地球同步运行的太空望远镜。

凯克天文台

凯克天文台位于夏威夷群岛莫纳克亚山的顶峰，这是世界著名的凯克望远镜。

射电天文学

射电天文学是一种通过观测天体的无线电波来研究天文现象的科学，是天文学的一个分支。

提出者

19 世纪 60 年代，英国物理学家詹姆斯·克拉克·麦克斯韦的麦克斯韦方程组已经显示出了来自恒星的电磁波辐射可以有任何的波长，天体有可能也会发射无线电波。

射电望远镜

射电望远镜是一种主要接收天体射电波段辐射的望远镜。

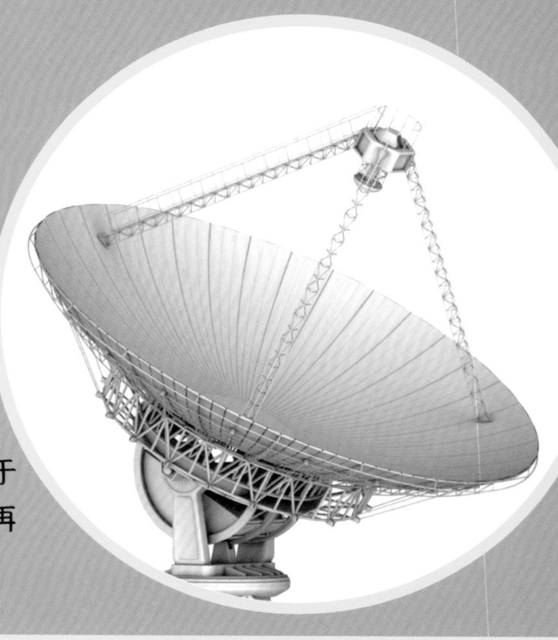

射电望远镜没有物镜和目镜，它巨大的天线就相当于它的“眼睛”。天线能够将信号传递到接收机中，接收系统再将信号分离并传递给计算机记录下来。

20 世纪 60 年代天文学上取得的“四大发现”—— 星际有机分子、脉冲星、宇宙微波背景辐射、类星体都与射电望远镜有关。

类星体

脉冲星

甚大天线阵

甚大天线阵位于美国新墨西哥州的圣阿古斯丁平原上，是一个由 27 台 25 米口径的天线组成的射电望远镜阵列。

甚大天线阵中的天线呈“Y”形排列，组成的最长基线可达 36 千米。

阿塔卡玛大型毫米波天线阵

阿塔卡玛大型毫米波天线阵建设在智利北部，这里的气候十分干燥，而且海拔较高，比较适合天文观测。

无线电波

宇宙射线具有的能量较大，辐射粒子进入地球大气层时，会撞击空气中的各种分子，进而产生新的粒子。当最终冲击到地面上时，科学家就可用仪器记录下来，放到计算机中处理，得到一个类似年轮的图案，这就是射电图。

大型光学望远镜

望远镜的集光能力是随着口径的不断增大而增强的。望远镜的集光能力越强，越能看到更远更暗的天体。位于我国贵州省的500米口径球面射电望远镜是全球单口径最大的射电望远镜，被誉为“中国天眼”。

阿雷西博射电望远镜

阿雷西博射电望远镜口径为350米，是全球第二大的单面口径射电望远镜，它位于波多黎各的阿雷西博。

昴星团望远镜

位置：美国夏威夷莫纳克亚天文台

主镜口径：8.3米

昴星团望远镜采用了自适应光学系统，它是全球最大口径的单面反射镜。

莫纳克亚山天文望远镜

位置：夏威夷一座休眠火山

海拔：4207米

口径：30米

你知道吗？

大气分子运动时，会增强大气中的动量、热量、水气和污染物交换作用，对光波、声波和电磁波在大气中的传播会产生干扰，普通望远镜观测就会受到影响。大型反射望远镜利用自适应光学系统，可补偿大气干扰造成的成像畸变，提高成像质量。

霍比－埃伯利望远镜

霍比-埃伯利望远镜位于美国德克萨斯州，主镜由 91 块八边形的子镜拼接而成，等效口径 9.2 米。

甚大望远镜

甚大望远镜由 4 台口径都为 8.2 米的望远镜组成。其主镜面厚约 18 厘米，但重达 22 吨。

双子望远镜

双子望远镜是由两个口径为 8 米的望远镜组成的，分别位于南北两个半球，它们可以观测到 80 亿光年之外的星体。

天文台

天文台是一种专门进行天文学研究和天象观测的机构，现在世界上大约有400个大型天文台。

你知道吗？

世界上最早的天文台是古埃及人为了观测天狼星而建立的，建于公元前2600年。

欧洲南方天文台

欧洲南方天文台是由欧洲16个国家的天文机构合作建立的一个国际性机构，其总部在德国慕尼黑附近的加兴。帕瑞纳天文台、拉西拉天文台和拉诺德查南托天文台这三个是主要的观测地。

拉西拉天文台

拉西拉天文台位于智利圣地亚哥北600千米处的拉西亚山上，主要设备有3.6米口径的反射望远镜、15米口径的亚毫米波射电望远镜和3.5米口径的新技术光学望远镜等。

帕瑞纳天文台

帕瑞纳天文台位于塞罗·帕瑞纳山，此山高约2632米，气候十分干燥，是良好的天文观测地。该观测地主要设备是4米口径的可见光和红外巡天望远镜、4台8.2米口径的甚大望远镜及其他辅助望远镜。

拉诺德查南托天文台

位于智利阿塔卡玛沙漠南部，主要设备是12米口径的APEX亚毫米波望远镜及多国合作打造的阿塔卡玛大型毫米波天线阵。

格林尼治天文台

格林尼治天文台建于1675年，是世界著名的综合性光学天文台。

1884年在华盛顿召开国际经度会议，决定以当时经过格林尼治天文台埃里中星仪所在的经线作为经度计量的标准参考经线，称为本初子午线或0°经线。

美国国家射电天文台

美国国家射电天文台的总部位于弗吉尼亚大学。

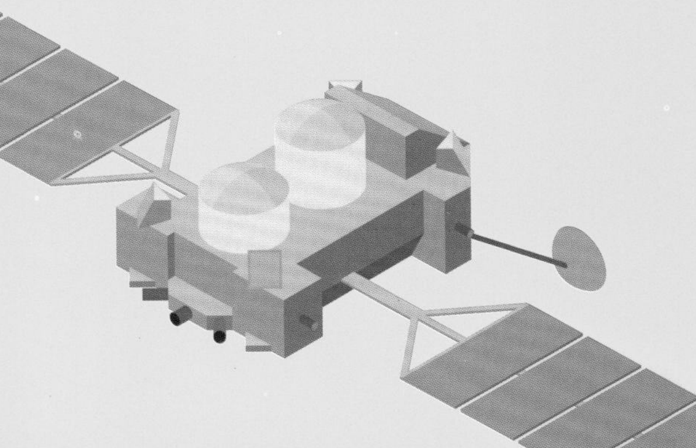

康普顿伽玛射线天文台

康普顿伽玛射线天文台是美国于1991年发射的用来观测天体的伽玛射线辐射的天文卫星，是一种太空天文台。

玛雅天文台遗址

哈勃空间望远镜

哈勃空间望远镜是美国肯尼迪中心发射的在地球轨道上运转的一架望远镜。

哈勃空间望远镜档案

发射时间：1990 年 4 月 24 日
重量：11000 千克
飞行高度：距离地面约 575 千米
速度：28000 千米 / 时
长度：13.2 米
口径：2.4 米
焦距：57.6 米
造价：15 亿美元

爱德文·哈勃

爱德文·哈勃是美国著名的天文学家，他是首次提供宇宙膨胀实例证据的人，是第一位认识到在银河系之外还有其他星系存在的人，也是星系天文学的创始人。哈勃空间望远镜就是以这位科学家的名字命名的。

美国宇航局为纪念哈勃在天文学上的贡献，2008 年发行了以他为主题的纪念邮票。

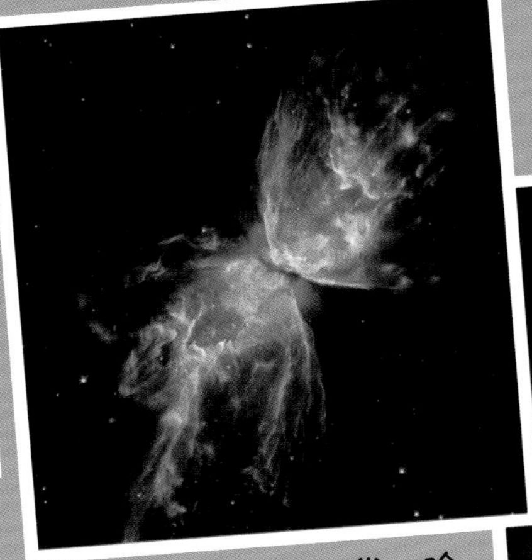

20 世纪 90 年代，哈勃空间望远镜发现了距地球 2100 光年的蝴蝶星云。

哈勃空间望远镜拍摄的 M51 星系

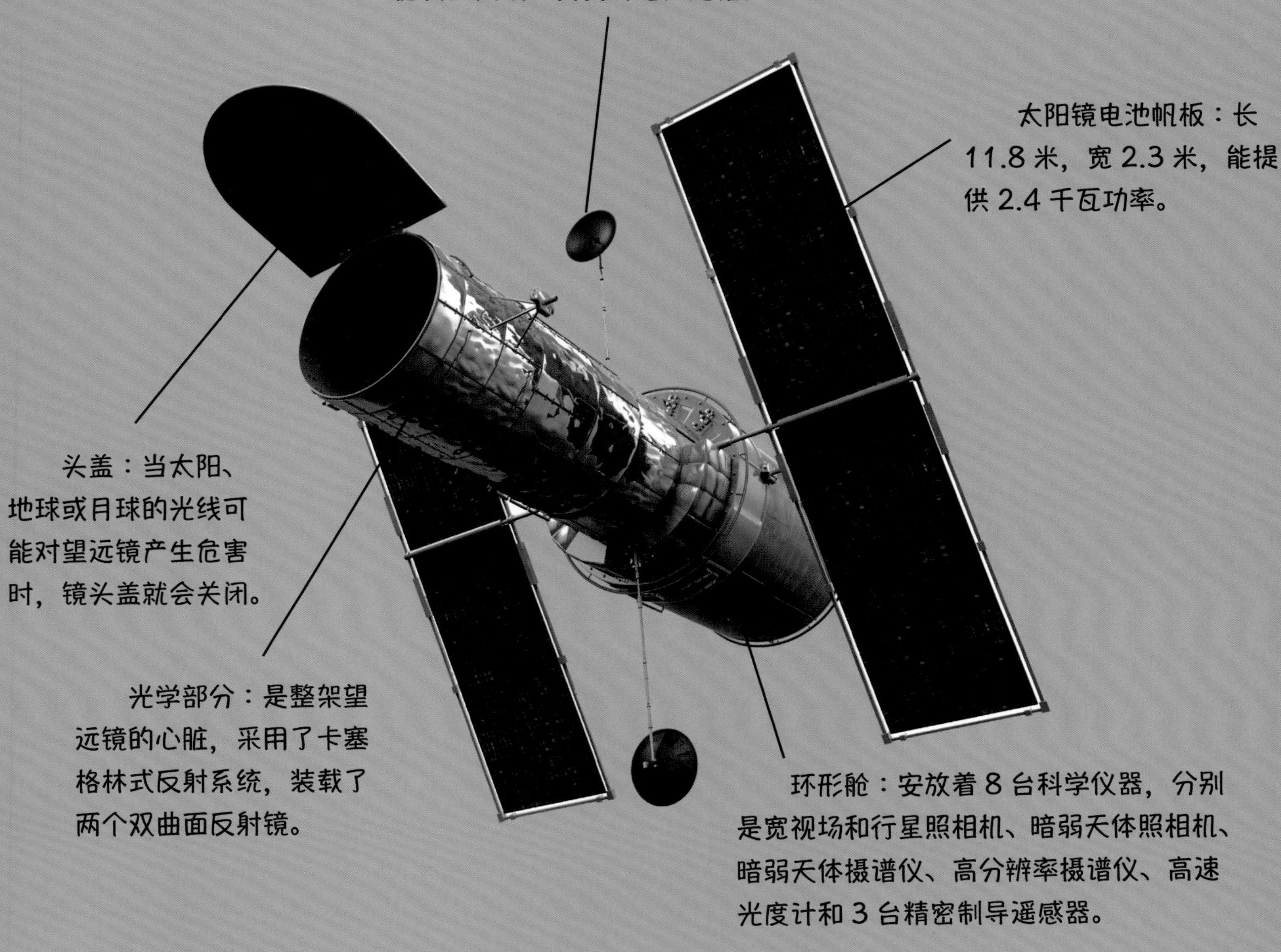

抛物面天线：负责与地面通信。
太阳镜电池帆板：长11.8米，宽2.3米，能提供2.4千瓦功率。
头盖：当太阳、地球或月球的光线可能对望远镜产生危害时，镜头盖就会关闭。
光学部分：是整架望远镜的心脏，采用了卡塞格林式反射系统，装载了两个双曲面反射镜。
环形舱：安放着8台科学仪器，分别是宽视场和行星照相机、暗弱天体照相机、暗弱天体摄谱仪、高分辨率摄谱仪、高速光度计和3台精密制导遥感器。

维修

哈勃空间望远镜可以在太空中维修。航天飞机用机械臂将其送入货仓中，航天员给它更换零件和维修。

太空环境

在宇宙大爆炸后，太空中的温度随着宇宙的不断膨胀而逐渐降低。

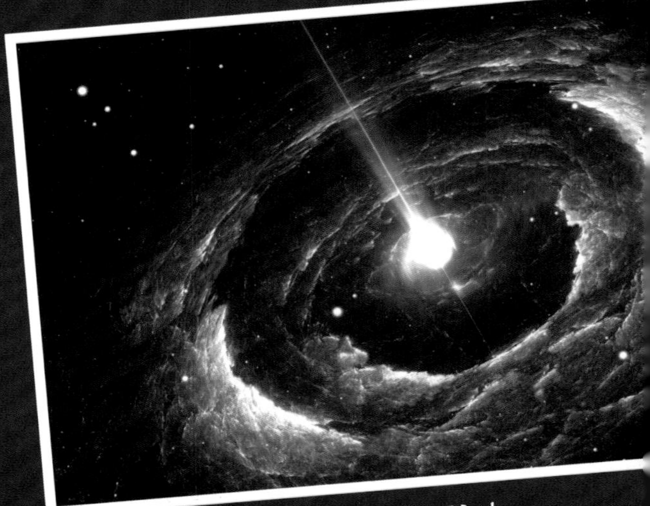

中子星在自转时会发射电脉冲。

太阳风

太阳风是一种来自太阳的带电粒子流，这些粒子以每秒 200~900 千米的速度在地球轨道附近移动。

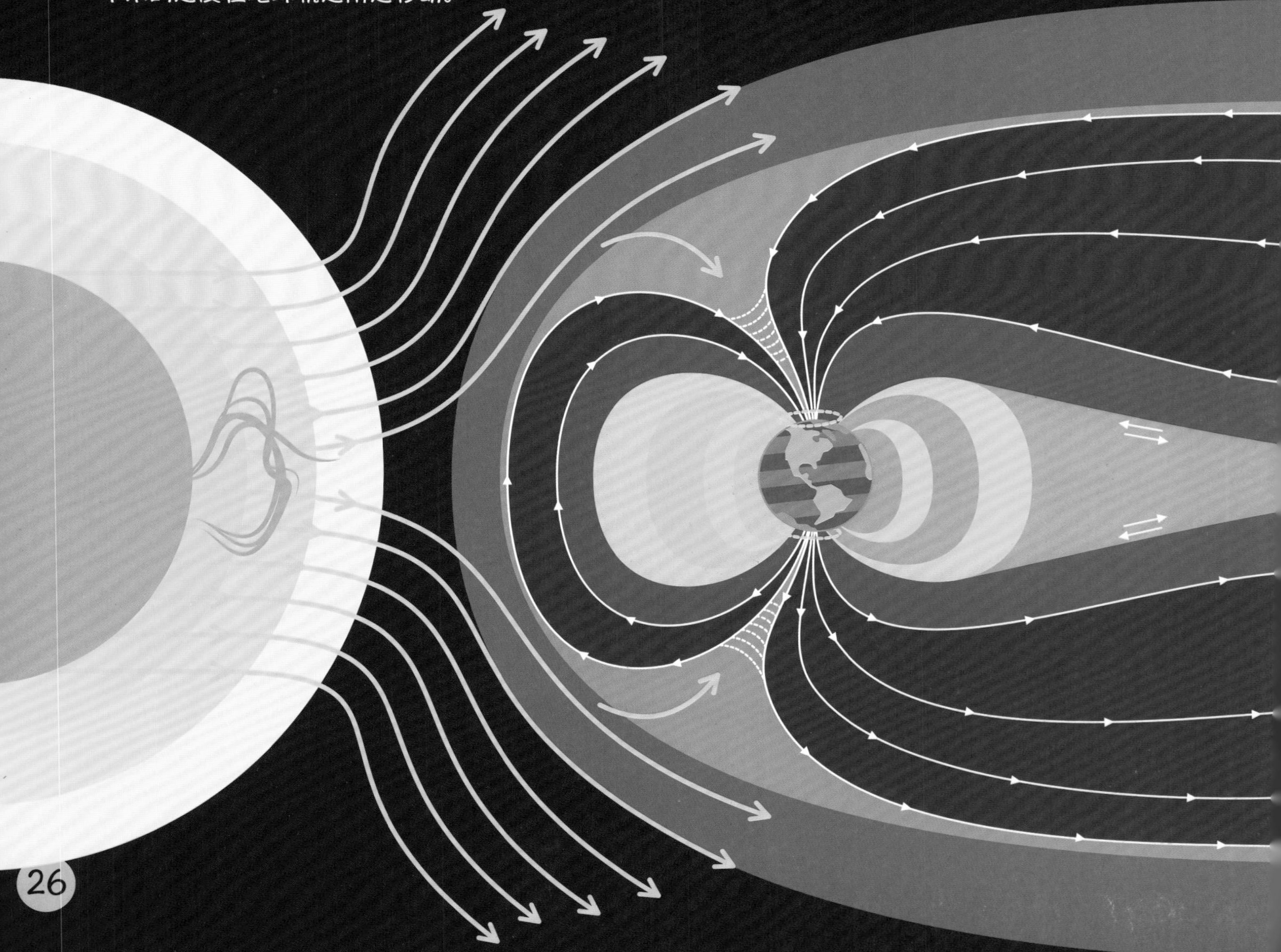

强辐射环境

太空中除了有宇宙大爆炸时残留的辐射外，天体也会向外辐射出电磁波和高能粒子。

高真空

太空是高真空环境，缺乏重力，宇航员在太空中都是飘浮的状态。如果飞机舱中的东西不用带子固定住，都会在空中飘着。

你知道吗？

太空的平均温度为零下 270.3℃。

太空中有流动的星体和高速运转的尘埃。

太空的动能极大，1 毫克的微流星体可以穿透 3 毫米厚的铝板。

太空垃圾

太空垃圾也被称为空间碎片，大约有1.6万个大于10厘米的太空垃圾存在于太空之中。

大约70%的太空垃圾位于地表上方约2000千米的近地轨道上。

太空垃圾的产生原因

航天器爆炸的残骸、宇航员无意遗落的物品、失去效用的卫星残骸。

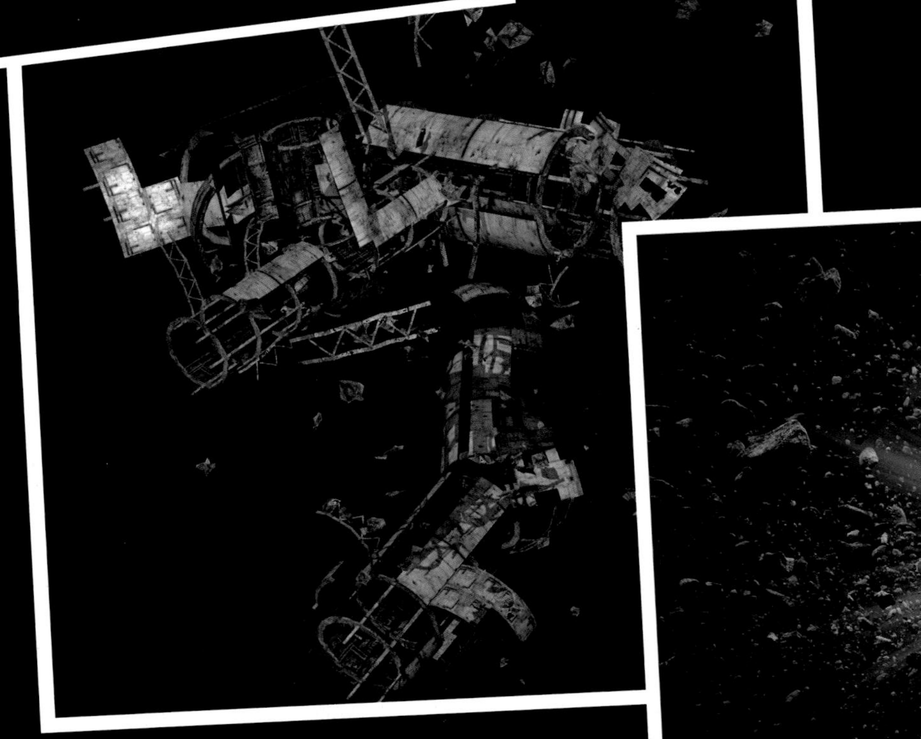

危害

太空垃圾若与载人飞船或者宇宙空间站等相撞，会对设备以及宇航员性命造成危害。

小碎片的撞击会使航天飞机舷窗受损，美国的航天飞机在 54 次飞行中，被太空垃圾和小陨石击中舷窗共计 1634 次。

太空垃圾坠落地球也会对地面上的人类造成生命和财产等方面的威胁。

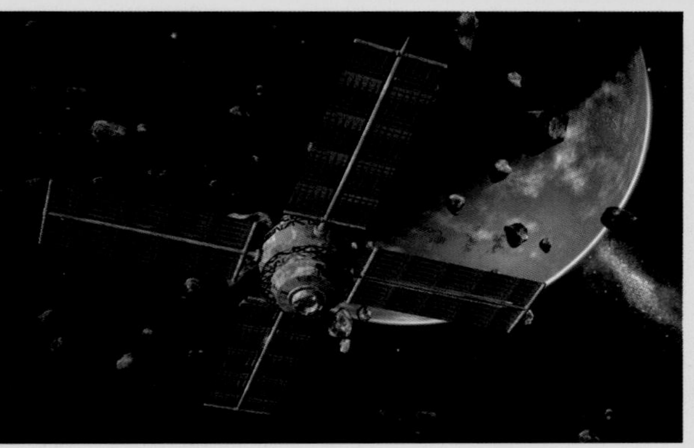

毫米大小的太空垃圾就有可能使航天器无法继续工作，一块直径为 10 厘米的太空垃圾就可以摧毁航天器。

太空垃圾的“雪崩效应”

太空垃圾之间的互相碰撞不会使它们湮灭，反而会产生更多的碎片。

你知道吗？

为了解决太空垃圾这一问题，大多数国家都在积极采取措施。2005 年 3 月初，我国在中科院紫金山天文台成立了“中国科学院空间目标与碎片观测研究中心”。俄罗斯在太空舱外面安装了金属遮蔽罩，以提高空间站抵抗太空垃圾的撞击能力。

璀璨的天体

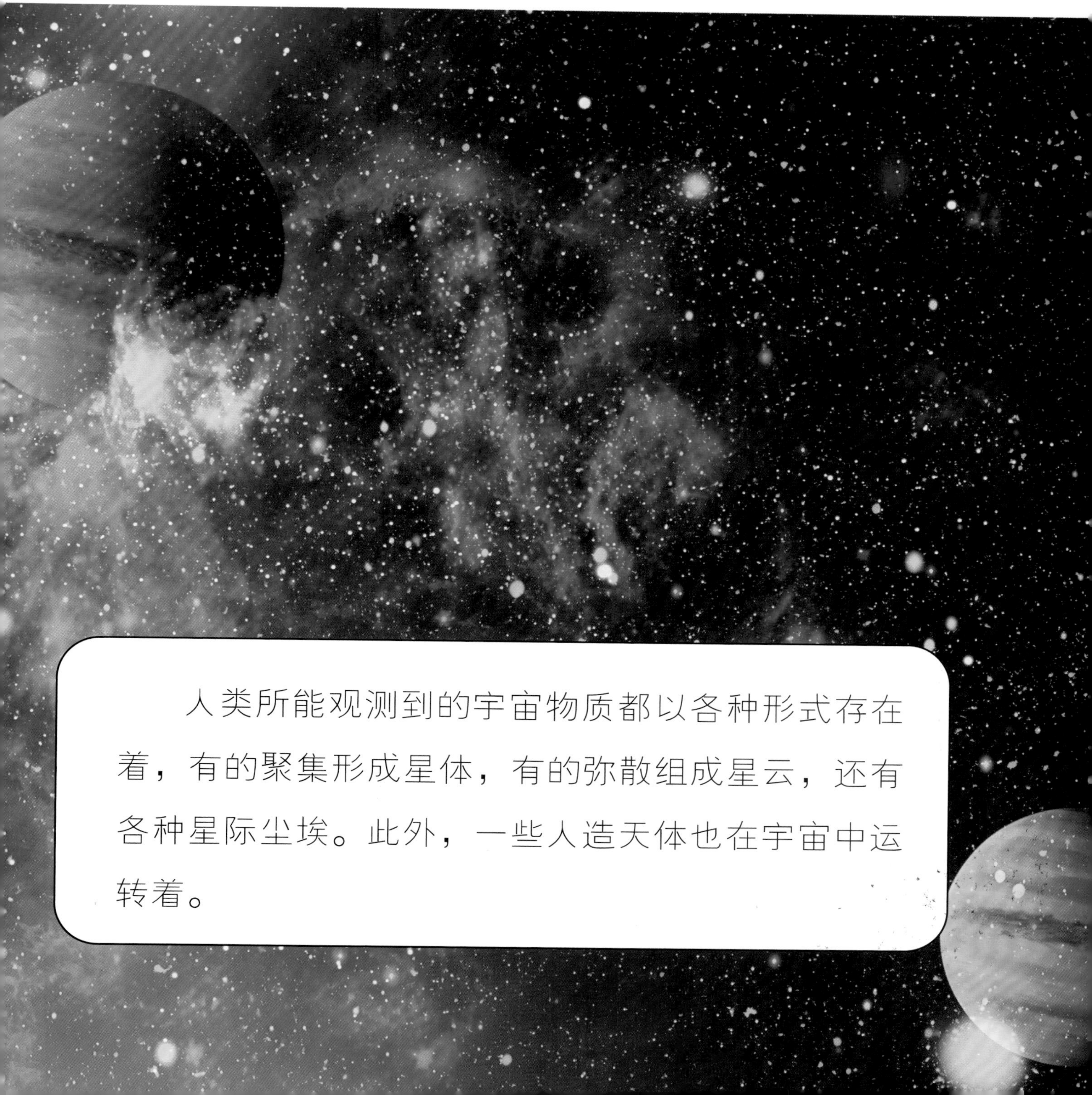

人类所能观测到的宇宙物质都以各种形式存在着，有的聚集形成星体，有的弥散组成星云，还有各种星际尘埃。此外，一些人造天体也在宇宙中运转着。

什么是天体

天体是宇宙空间中的物质的存在形式。宇宙中有许多天体，如行星、恒星、星系、星团等。

船底座星云

星系团

星际物质

星际物质是指弥漫在宇宙中的稀薄物质，包括星际尘埃和星际气体，它们也属于天体。

“三看”判断天体

一看是否为宇宙中的物质；

二看是否为宇宙中物质的存在形式；

三看是否位于地球大气层的外层空间。

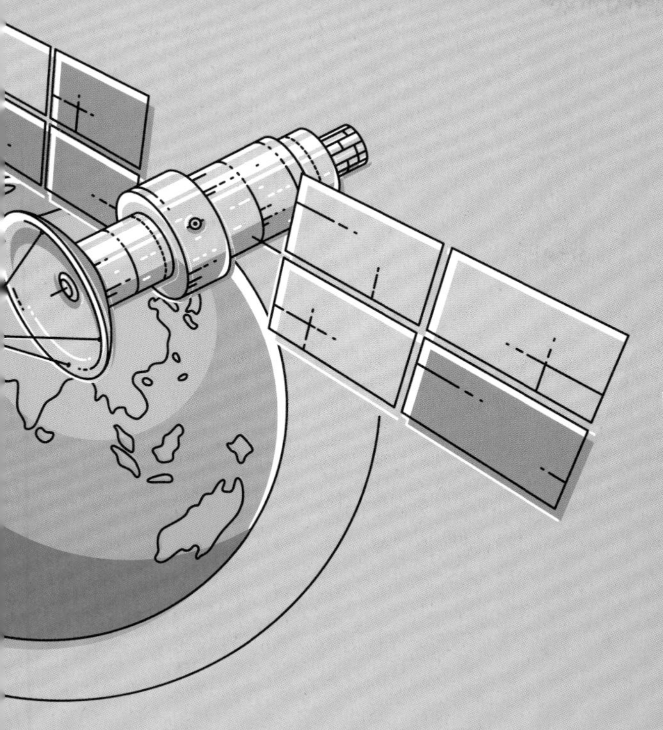

你知道吗?

人类发射进入太空的探测器、人造卫星、宇宙飞船等也属于天体，它们是人造天体。

在波兰克拉科夫瓦维尔山上的瓦维尔城堡上空拍摄的星轨，显示了恒星在夜空中的移动轨迹。

星系

行星

星系

星系也被称为宇宙岛，宇宙中至少存在一千亿个星系。

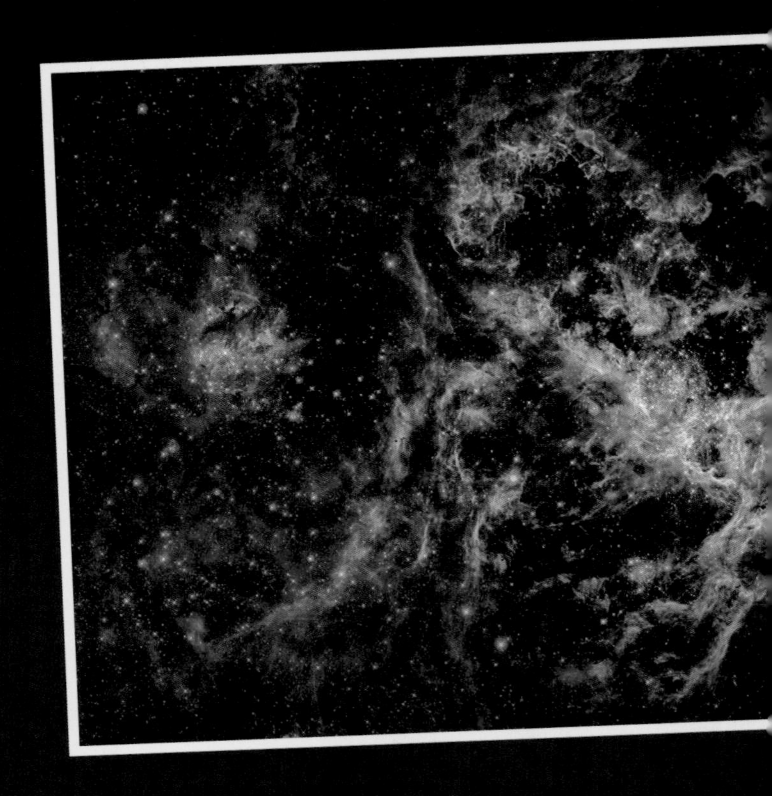

星系的组成

星系中包含恒星、暗物质、宇宙尘埃和气体等。

星系的形成

关于星系的形成有两个学说，一是上下理论，一是下上理论。前者认为星系是在宇宙大爆炸时形成的，后者认为星系是由宇宙中的微尘形成的。

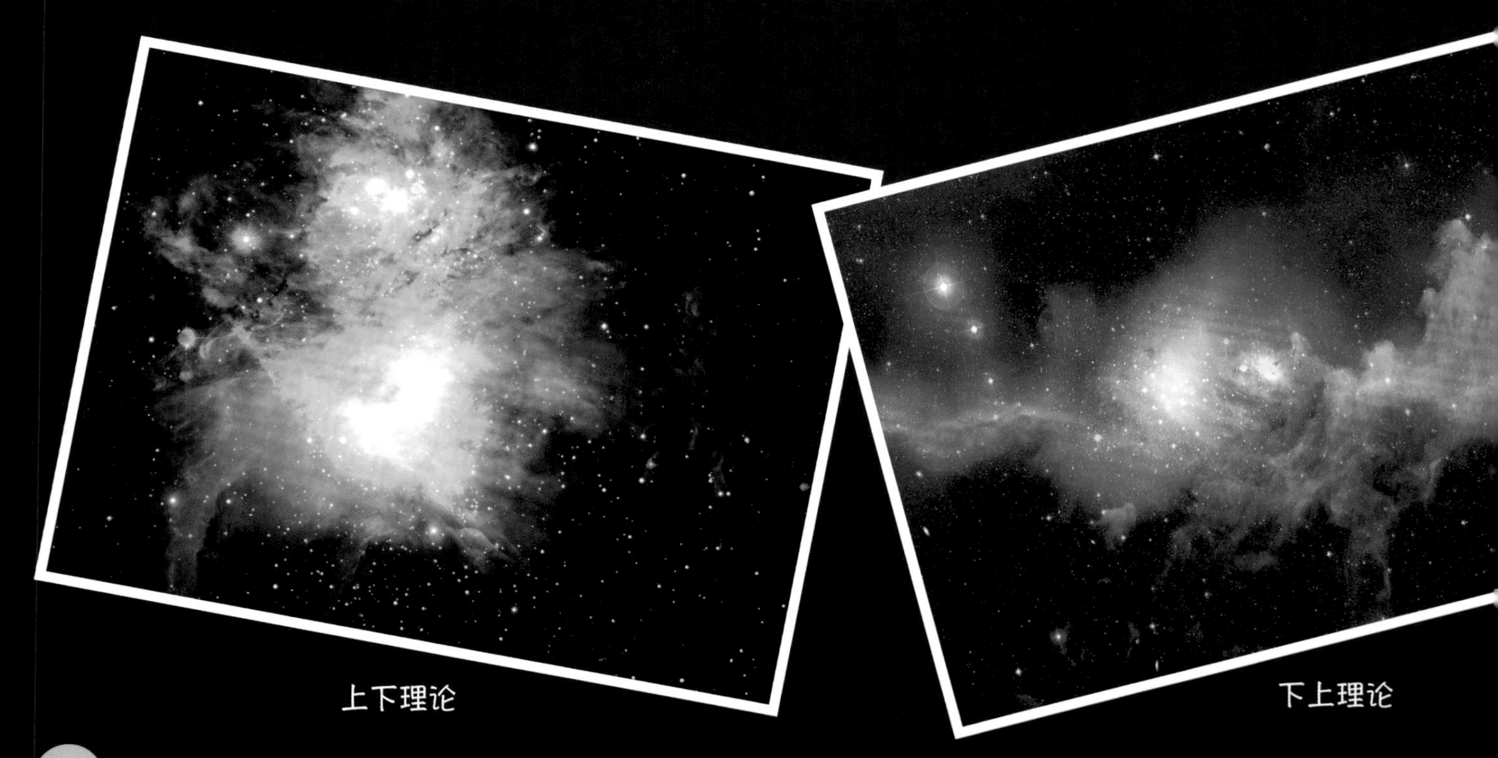

上下理论

下上理论

星系的分类

天文学家爱德文·哈勃根据星系的形态把它们分成椭圆星系、螺旋星系和不规则星系三大类。并根据椭圆扁率的不同、是否有棒状结构等条件，将每种星系进行了细分。

星系的形态

宇宙中的星系众多，不同星系的形态也各不相同。

M33

M33 位于三角座，也被称为三角星系或南天大风车星系，它是可以直接目测到的星系之一。

椭圆星系

椭圆星系是一种外形呈正圆形或椭圆形，亮度从中向边缘递减的一种星系。

椭圆星系的分类

根据椭圆扁率大小，椭圆星系可分为E0、E1、E2、E3……E7共8个类型。其中E0型是圆星系，E7是最扁的椭圆星系。

E0 E1 E2 E3 E4 E5 E6 E7

接近球状的E0　　扁平的E7

NGC 1316

NGC 1316位于天炉座，距地球7500万光年左右。这个星系具有椭圆星系的大小和形状，但也有螺旋星系的尘埃带的银盘。初步推测，这个星系约在1亿年前吞食了一个附近的螺旋星系。

椭圆星系的形成

椭圆星系是由两个旋涡扁平的星系相互碰撞、混合、吞噬而成的。它是在宇宙大爆炸后，已经结束恒星形成过程的星系，有“老人国”之称。

M31

梅西耶 32

梅西耶 32（M32）是 M31 的伴星系，是一个矮椭圆星系，直径约为 8000 光年。

你知道吗？

椭圆星系的大小从一万秒差距到数十万秒差距不等。秒差距是天文学中一个古老的长度单位，也是测量恒星距离最标准的方法。

NGC 5128

NGC 5128 又被称为半人马座 A，位于半人马座内，约有 6 万光年大小，是距离地球最近的活跃星系。

螺旋星系

螺旋星系是有旋臂结构的扁平状星系，它是由又热又亮的恒星、气体和尘埃所形成的。

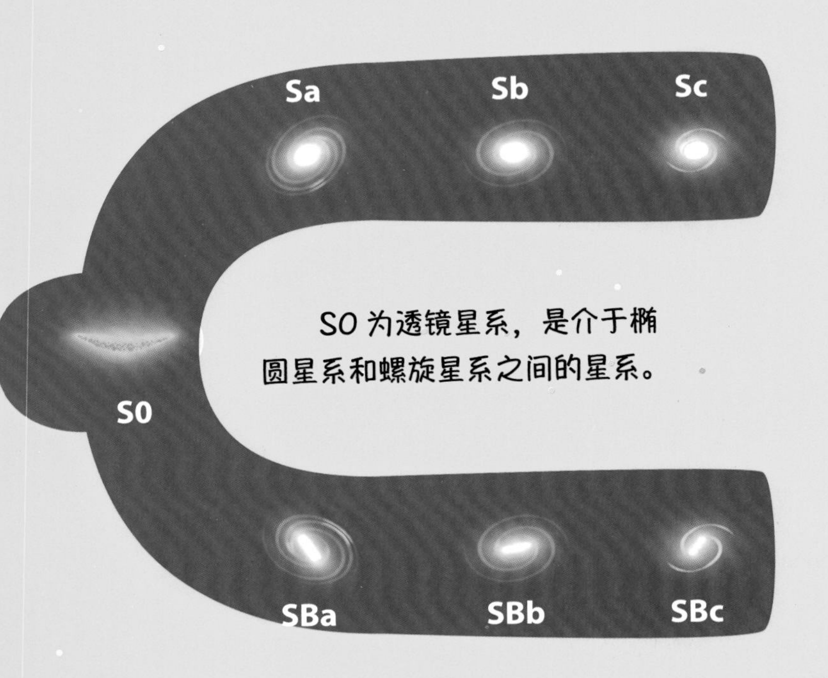

S0为透镜星系，是介于椭圆星系和螺旋星系之间的星系。

分类

螺旋星系可分为一般螺旋星系和棒旋星系两种。一般螺旋星系用S表示，棒旋星系用SB表示，二者又分别细分为a、b、c三种次型。

风车星系

风车星系也被称为M101，位于大熊座，直径约为17万光年，是银河系的两倍。

NGC 1672

NGC 1672是位于剑鱼座的一个棒状螺旋星系。

M51 有两条旋臂，其中一条连接它的伴星系 NGC 5195。

M51

M51 位于猎犬座，是一个在望远镜中呈蓝色的螺旋星系。

M 77

M 77（NGC 1068）是鲸鱼座的一个螺旋星系，距离地球 4700 万光年。科学家猜测，其中心可能存在一个巨大的黑洞。

NGC 7479

NGC 7479 是一个棒旋星系，距离地球大约 1 亿 500 万光年。

不规则星系

不规则星系即外形不规则，没有明显的核和旋臂，也没有盘状对称结构或看不出有旋转对称性的星系。

形状对比

椭圆星系

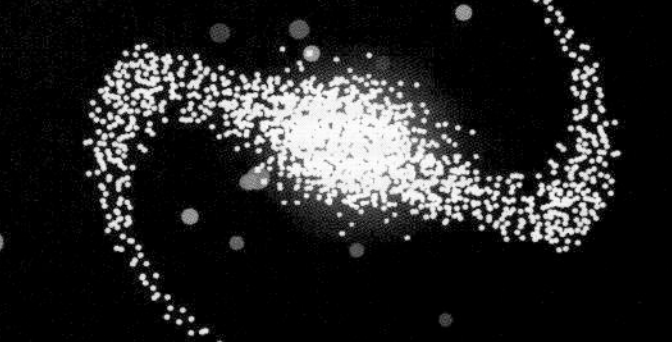

螺旋星系

不规则星系

大麦哲伦星云

大麦哲伦星云位于剑鱼座与山案座的交界处，距离地球约 16.3 万光年，星系内约有 200 亿颗恒星。通常只有位于南半球的居民才能观测到大小麦哲伦星云。

小麦哲伦星云

小麦哲伦星云是一个围绕着银河系的矮星系，其核心有棒状的结构，推测原是棒旋星系，因受到银河系的扰动成为不规则星系。

M 82

位于大熊座，它的亮度约是银河系的五倍，因形状像一根细长的雪茄，也被称为“雪茄星系”。

NGC 281

NGC 281 是位于仙后座和银河系英仙臂的一部分，包括大量的尘埃和云气带，一个小型疏散星团，以及发射星云等。

梅西耶 20

M 20 位于人马座，因形状类似三片发亮的树叶，又被称为三叶星云。

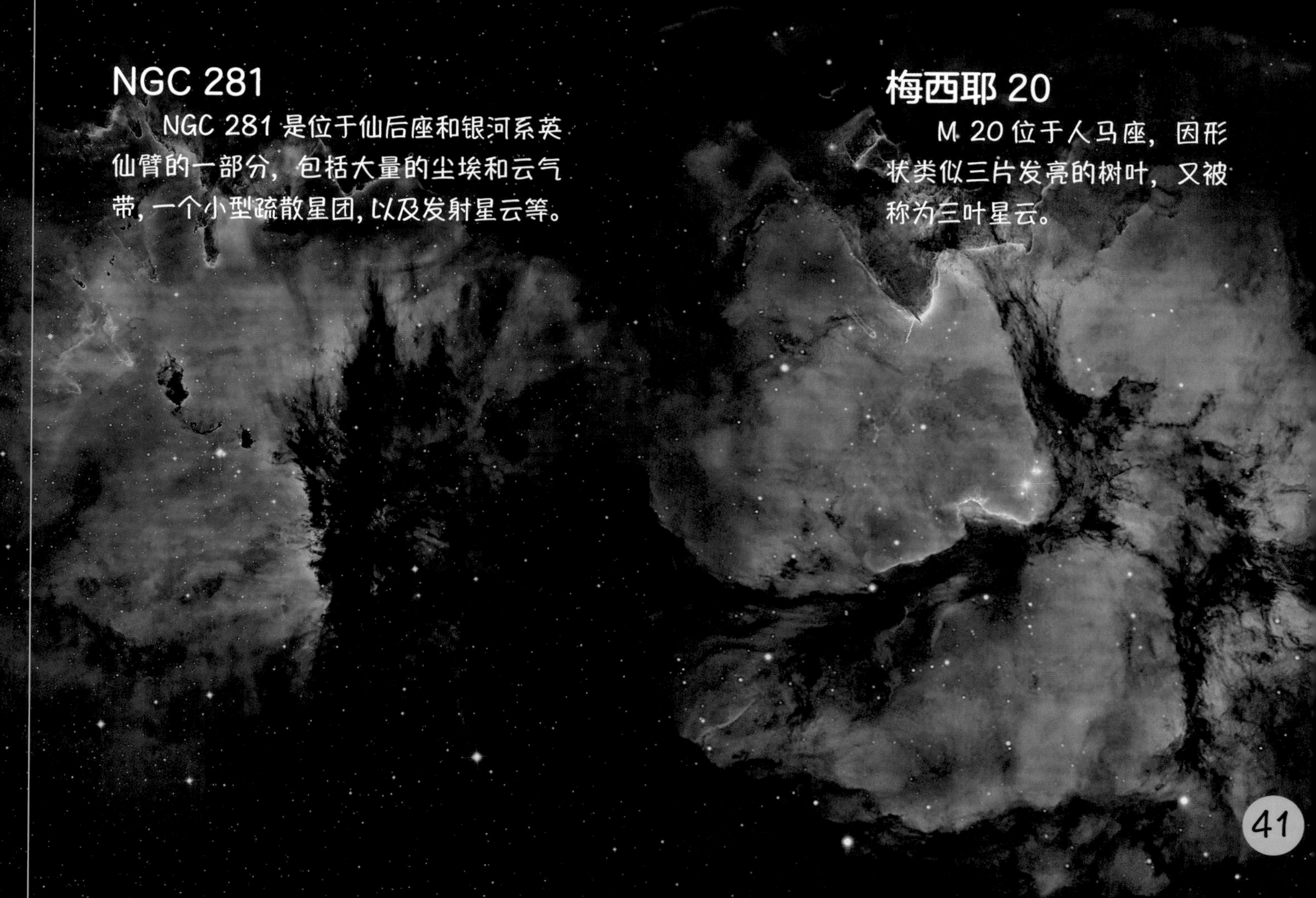

河外星系

河外星系是指位于银河系之外的星系，与银河系一样，它也是由恒星、星团、星云和星际物质组成的。

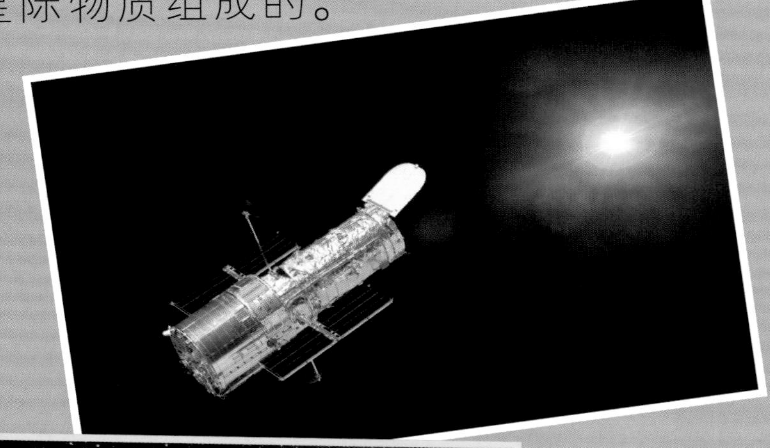

河外星系的发现

17 世纪望远镜被发明后，人类视野不断拓展到宇宙深处。一些恒星由于距离地球太远，只能观测到朦胧的天体。19 世纪，哈勃发现仙女大星云由大量恒星组成，且超出银河系的范围，由此证明它是银河系之外的星系。

仙女星系

仙女星系（M31）是人类发现的第一个河外星系。

星系的命名

在众多河外星系中，有的以发现者的名字来命名，如大小麦哲伦星云；有的以所在星座的名称来命名，如猎犬座母子星系；绝大多数星系是以某个星云、星团表的编号来命名，如仙女星系在 M 天体中编号为 M 31。极少数星系有专门名字。

玫瑰星系，因外形似玫瑰而得名。

河外星系的分类

按照绝对星等的大小可以把河外星系大致分为超巨系、亮巨系、巨系、亚巨系和矮系五类，这种分类方法也被称为范登堡分类法。

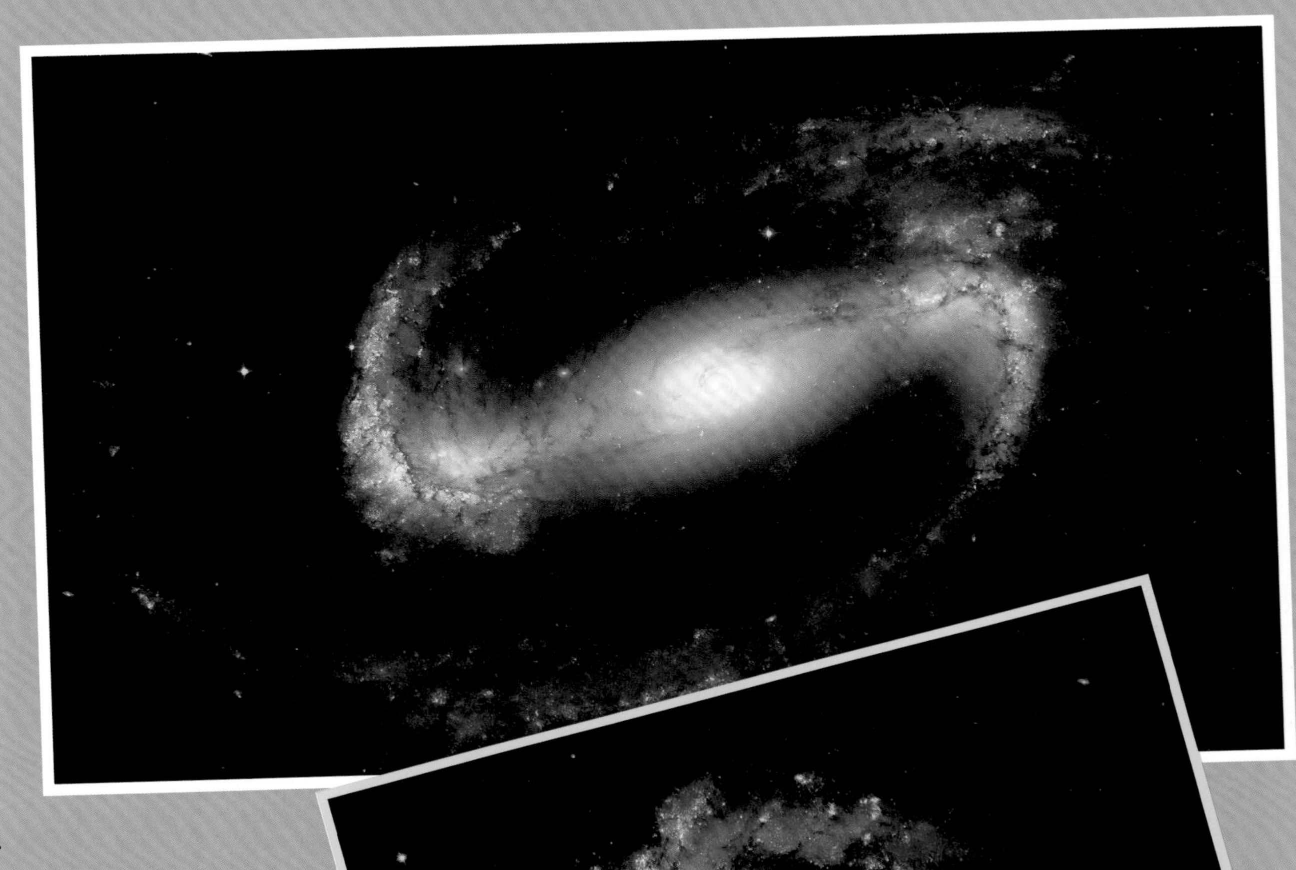

光谱

河外星系的光是它各组成部分发出光的总和，拍到的光谱也是它所有组成部分的光谱的叠加。

螺旋星系的核球部分和旋臂部分光谱明显不同，核球部分光谱型较晚，颜色较红，旋臂部分光谱型较早，颜色较蓝。图为NGC 6217星系。

银河系

银河系是太阳系所在的星系，我们生活的星球只是银河系中的一颗小行星。

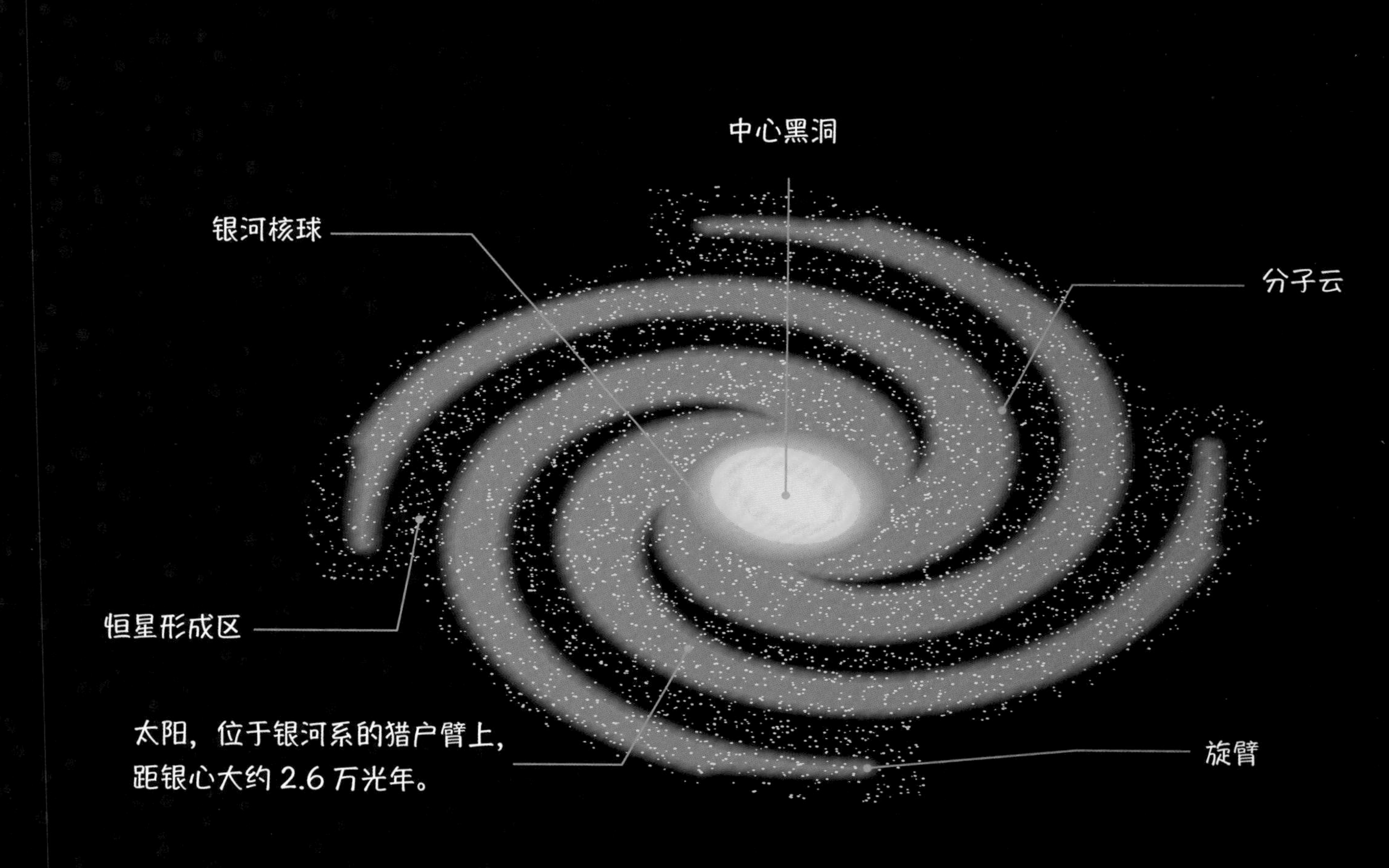

银河系是一个巨大的棒旋星系，有大约 1000 亿 ~ 4000 亿颗恒星，其质量大约是太阳质量的 1.5 万亿倍。

银河系全景

银河系也被称为天河或银河，像一条流淌在天上闪闪发光的河流。在地球上看到的银河系像一条银白色的环带横跨在夜空中，像天空中倾洒而出的牛奶，因此也被称为“牛奶河”。

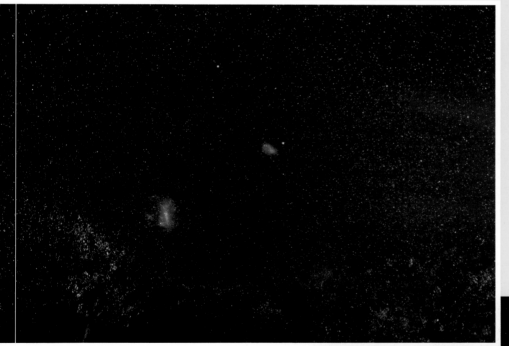

伴星系

大麦哲伦星云和小麦哲伦星云是银河系的两个伴星系，这两个伴星系会引发强烈的恒星风和超新星爆炸，将氢气推向银河系，使得在连接银河系的地方形成麦哲伦星流。

银河系的邻居

仙女星系（M 31）直径为 22 光年，是距离银河系最近的河外星系。

星团

星团是指彼此间具有物理联系的星群，恒星数量为10颗以上。

天炉座星系团

天炉座星系团至少有18个可分辨出的星系，距离地球7500万光年左右。

草帽星系

草帽星系是不规则星系团——室女座星系团最大的星系之一，直径约为84406光年。

分类

按照成员星的数量和形态可以将星团分为球状星团和疏散星团两类。

球状星团

球状星团中心密集，似圆形，恒星数量为上万颗到几十万颗。

半人马座 ω

半人马座ω是银河系内最大的、唯一能用人眼观测到的球状星团，年龄大约为120亿岁。

武仙座大星团

武仙座大星团（M13）大约含有30万颗恒星，是北半球可见且较亮的球状星团之一。

疏散星团

疏散星团结构松散，形状不规则，由十几颗到几千颗恒星组成，主要分布在银道面。

疏散星团成员引力关联不强，绕螺旋星系公转数周后可能会因周围天体引力影响散开。

昴星团

昴星团一般可以见到六七颗亮星，所以也被称为七姊妹星团，是位于金牛座的疏散星团，含有恒星的数量超过3000 颗。

NGC 2244

NGC 2244 距离地球约 5500 光年，是蔷薇星云中的一个疏散星团。

蜂巢星团

蜂巢星团 M44 也被称为鬼星团，位于巨蟹座，是疏散星团中的一个移动星团。

NGC 457

NGC 457 也被称为猫头鹰星团或 ET 星团，位于仙后座。

星云

星云是由星际空间的气体或尘埃结合成的云雾状天体，主要组成物质是氢和氦。

星云分类

星云按照形态的不同可以分为弥漫星云、行星状星云以及超新星遗迹；按照发光性质可以分为发射星云、反射星云和暗星云。

弥漫星云

弥漫星云没有规则的形状和明显的边界。

猎户座星云既是弥漫星云，也是反射星云，位于猎户座。

鹰状星云位于巨蛇座，是疏散星团和弥漫气体星云的混合体。

行星状星云

行星状星云是一种发射星云，外形呈圆盘状或环状，实际上是某些垂死的恒星抛出的气体壳和尘埃。M57 和 M27 都是典型的行星状星云。

M57 因形状像一个光环，又被称作环状星云。

M27 形状似哑铃，也被称为哑铃星云。

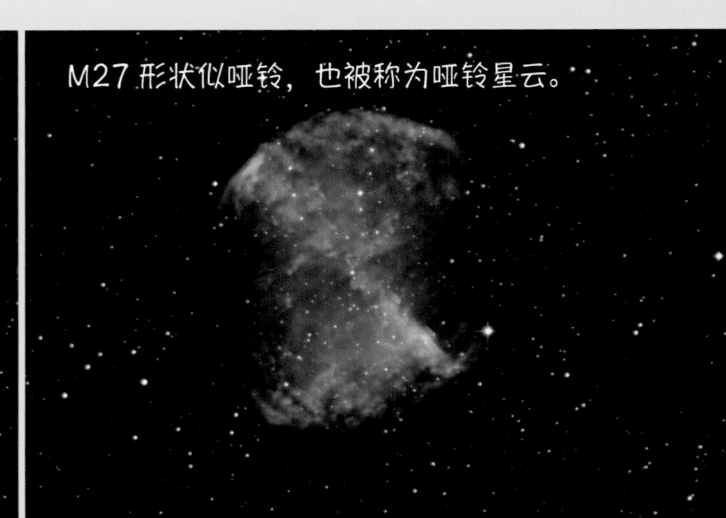

超新星遗迹

超新星遗迹是超新星爆发后抛出的气体形成的，蟹状星云就是超新星遗迹。

发射星云

发射星云是一种由星际气体构成的会发光的云。

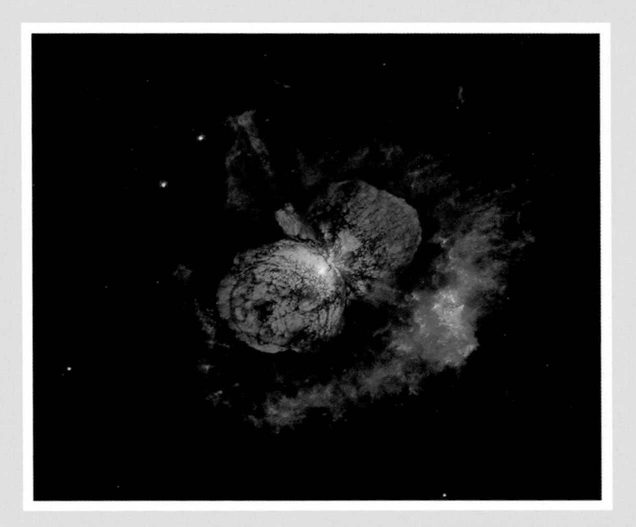

侏儒星云是环绕着船底座 η 的发射星云。

礁湖星云是人马座中的一个发射星云。

反射星云

反射星云呈蓝色，是靠反射恒星的光线而变得明亮的星云。

暗星云

暗星云密度较大，可以遮蔽发射星云或反射星云的光，是一种由不发光的弥漫物质形成的天体。

NGC 2023 是一个直径约为 4 光年的反射星云。

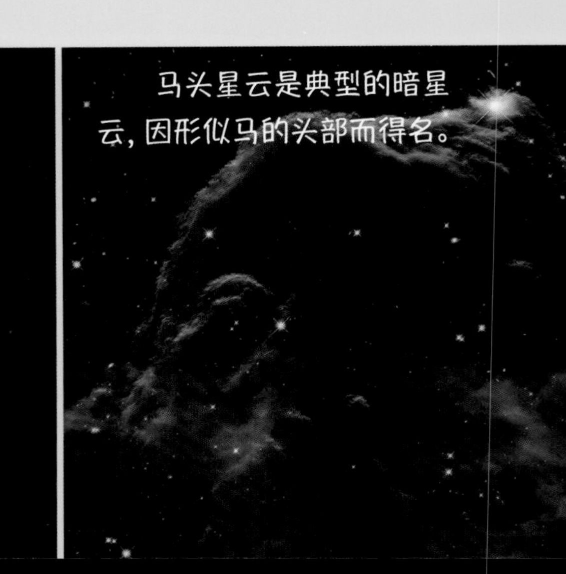

马头星云是典型的暗星云，因形似马的头部而得名。

恒星

恒星是由引力作用凝聚起来的球型发光等离子体，它的位置并不是恒定不变的，而是不断运动的。

太阳是离地球最近的恒星。

恒星分类

恒星最普遍的分类是光谱分类，根据恒星光谱的特征可以分为 O 型、B 型、A 型、F 型、G 型、K 型、M 型、S 型以及 R 型和 N 型。

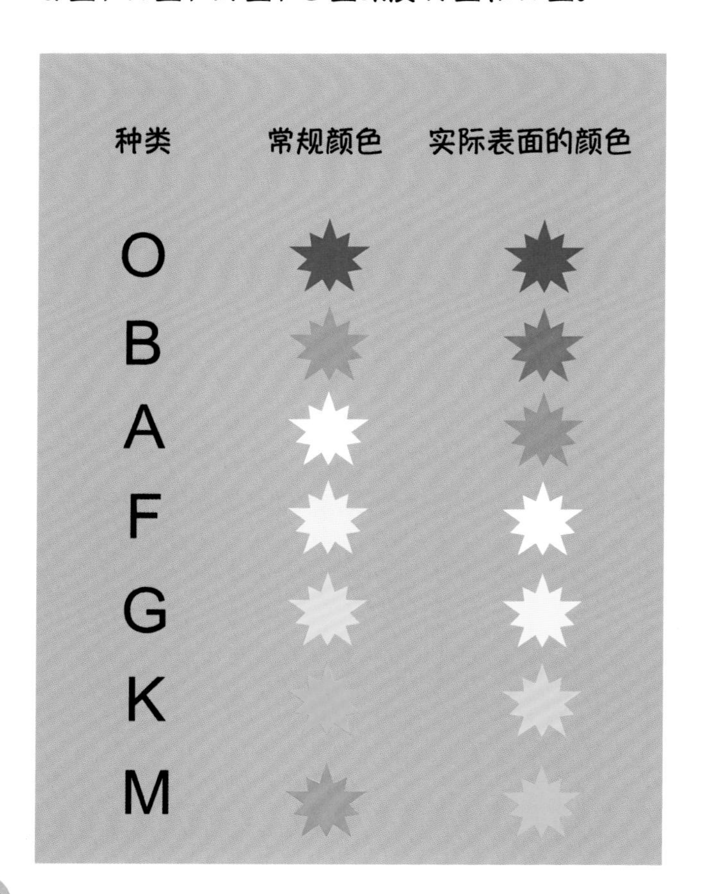

G 型星

颜色：黄色
温度：5200～6000K
质量：0.8～1.04 太阳质量
半径：0.96～1.158 太阳半径
特征：恒星在主序星阶段度过大半生，稳定时期长
代表恒星：太阳、御夫座 α

A 型星

颜色：浅蓝色
温度：7500～10000K
质量：1.4～2.1 太阳质量
半径：1.4～1.8 太阳半径
特征：具有很强的磁场
代表恒星：天琴座 α

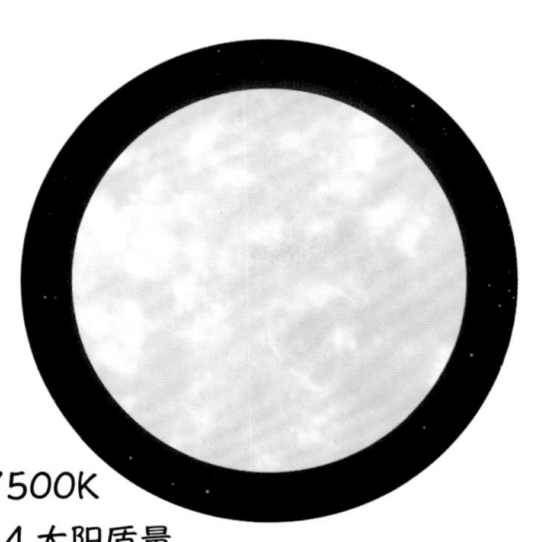

F 型星

颜色：金白色

温度：6000～7500K

质量：1.04～1.4 太阳质量

半径：1.15～1.4 太阳半径

特征：电离钙线大大增强变宽，出现许多金属线

代表恒星：仙后座 β

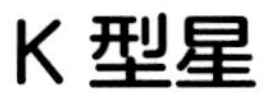

K 型星

颜色：橙色

温度：3700～5200K

质量：0.45～0.8 太阳质量

半径：0.7～0.96 太阳半径

特征：氢线弱，金属线比 G 型中的强得多

代表恒星：金牛座 α

M 型星

颜色：红色

温度：2400～3700K

质量：0.08～0.45 太阳质量

半径：≤ 0.7 太阳半径

特征：光谱中氧化钛分子带突出，有中性金属线

代表恒星：猎户座 α

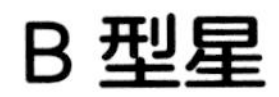

B 型星

颜色：蓝白色

温度：10000～30000K

质量：2.1～16 太阳质量

半径：1.8～6.6 太阳半径

特征：光谱主要特征为中性氦吸收线和氢吸收线

代表恒星：猎户座 β

恒星爆炸

星轨是恒星的持续移动产生的变化轨道。恒星以整圆形式旋转，旋转一周约需要 23 时 56 分。

恒星的生命周期

恒星并不是永恒存在的，它有自己的生命史，从诞生、成长到衰老、死亡，每个阶段它的大小、颜色、演化方式都不尽相同。

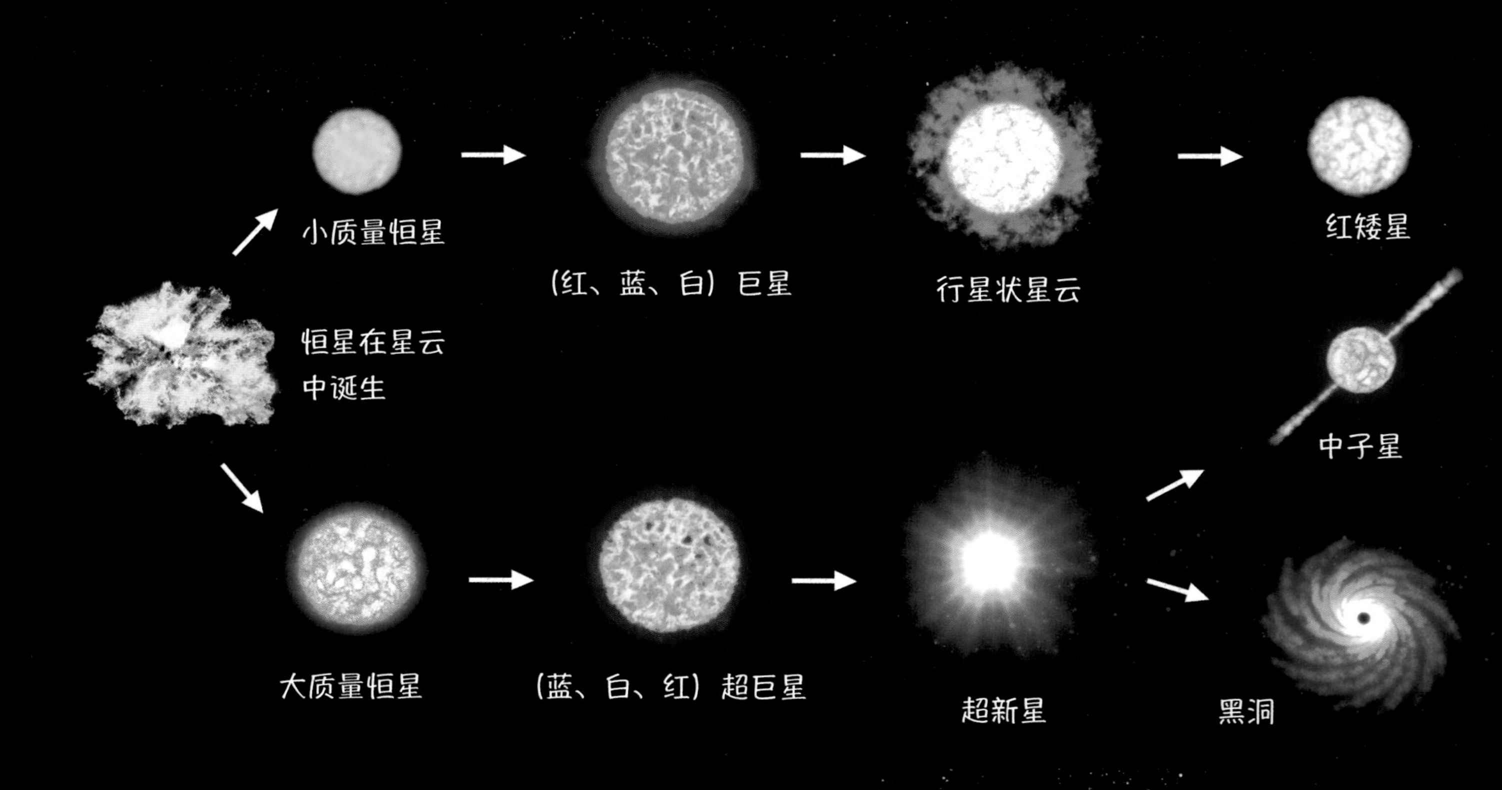

恒星诞生

星际尘埃是恒星诞生的基础。这些尘埃不断聚集并压缩体积，被压缩的气体和尘埃开始升温。当压缩到一定程度时，会形成具有超高密度和温度的球体。当温度达到 700 万℃以上时，会形成热核，发生核反应，导致巨大的气柱从中心喷射而出，散发光和热，一颗新的恒星就这样诞生了。

原恒星

原恒星是恒星的早期阶段，这个阶段会持续约10万年。因为原恒星的质量很小，内核温度较低，不足以进行核聚变，需要不断积累才能使温度不断升高。

太阳就是一颗小质量恒星，目前正处于最稳定的主序星阶段，这个阶段可持续110亿年。

主序星

原恒星发生热核反应后，恒星会停止坍缩，进入一个相对稳定的时期，这个阶段的恒星被称为主序星，是恒星的青壮年期。

衰退期

当恒星内的氢燃烧完后，就离开主序星阶段，开始氦燃烧，成为红巨星。在红巨星阶段时，恒星开始坍缩，坍缩到一定程度时，进入白矮星阶段。

超新星诞生

大质量恒星燃料耗尽时，内部会发生坍缩、爆炸，产生超新星。

行星

行星是一种围绕恒星运转的天体，公转方向与恒星的相同，它本身并不发光。

行星的定义

1. 围绕恒星运转的天体。
2. 质量大到可以克服固体引力以达到近于球体的形状。
3. 公转轨道内没有比它更大的天体。

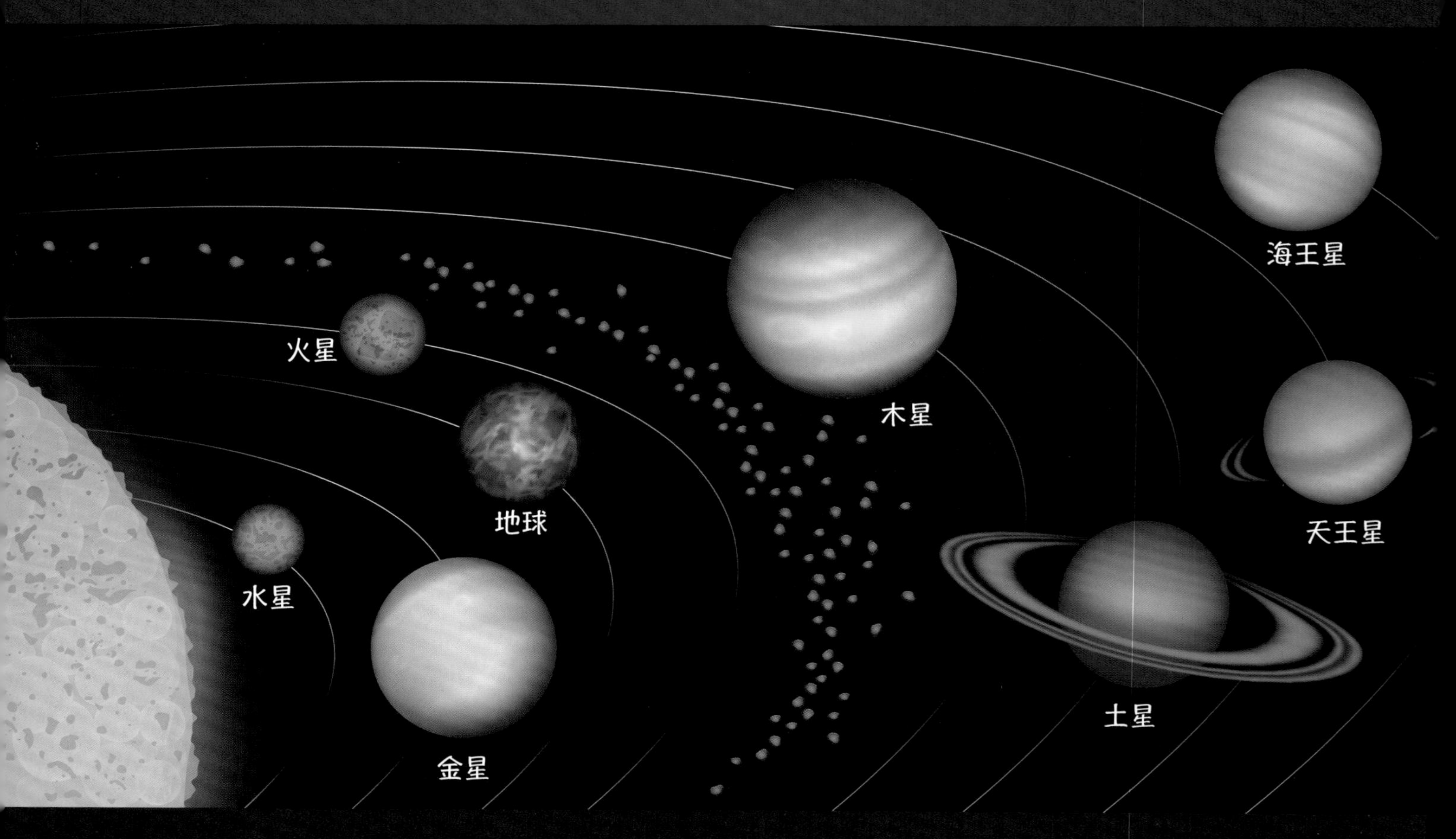

八大行星

水星、金星、地球、火星、木星、土星、天王星和海王星是太阳系的八大行星，其中水星、金星、火星、木星和土星这五颗行星是肉眼可见的。

类地行星

类地行星的许多特性都与地球相近，水星、金星、火星和地球是类地行星。

水星

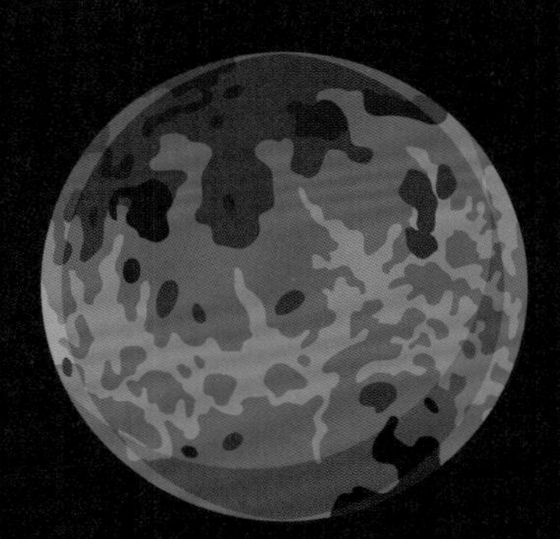

金星

火星

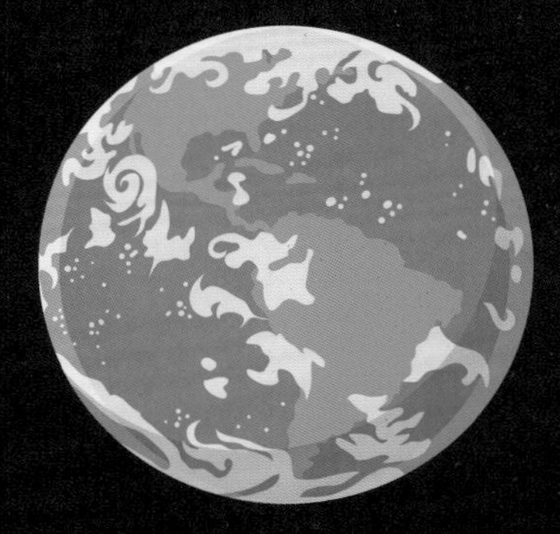

地球

气态巨行星

气态巨行星也被称为类木行星，是一种不以岩石或其他固体为主要成分的大行星。木星和土星是传统的气态巨行星，主要成分是氢和氦。

木星

土星

远日行星

远日行星是离太阳较远的行星，天王星和海王星便是典型的远日行星。

海王星

天王星

矮行星

矮行星属于类冥天体，它的体积位于行星和小行星之间。

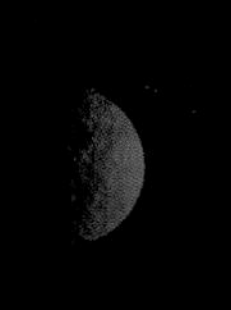

谷神星

鸟神星

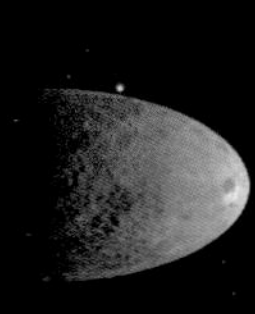

妊神星

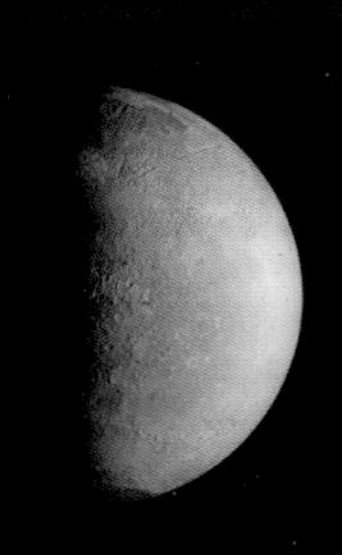

阋神星

冥王星

小行星

小行星也围绕恒星运动，但其体积和质量都远低于行星。

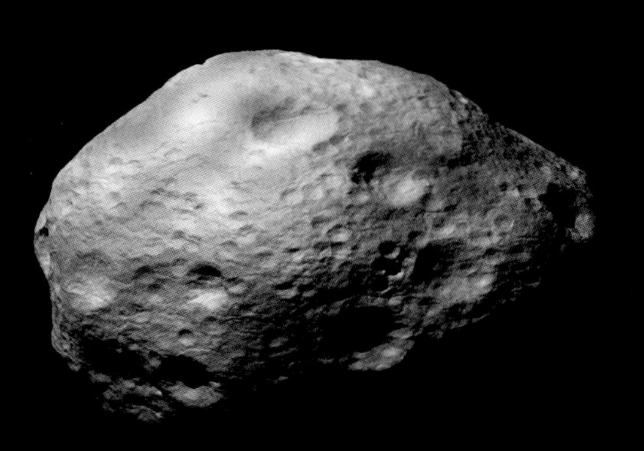

截至2018年，科学家们在太阳系已经发现了约127万颗小行星。

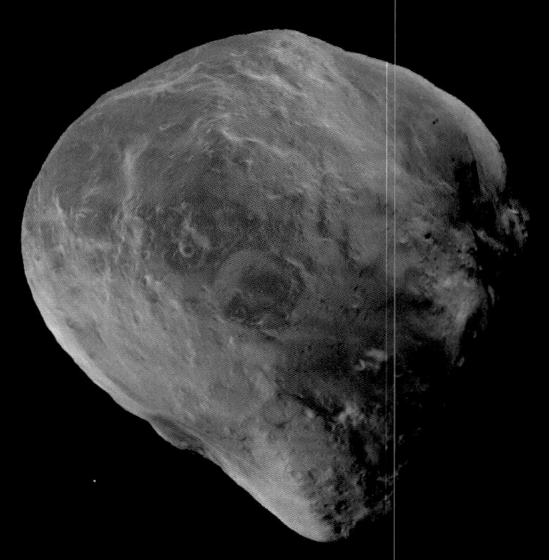

组成物质

小行星主要是由二氧化硅组成的，其中二氧化硅占92.8%，铁和镍占5.7%，剩余部分是这三种物质的混合物。

小行星与小行星带

小行星带区域的小行星数量多达50万颗，这个区域也因此被称为主带。

灶神星

灶神星是小行星带中最大的小行星，占小行星带总质量的9%。

智神星

智神星也位于小行星带内，它比灶神星大，但质量却比灶神星小，占小行星带总质量的7%。

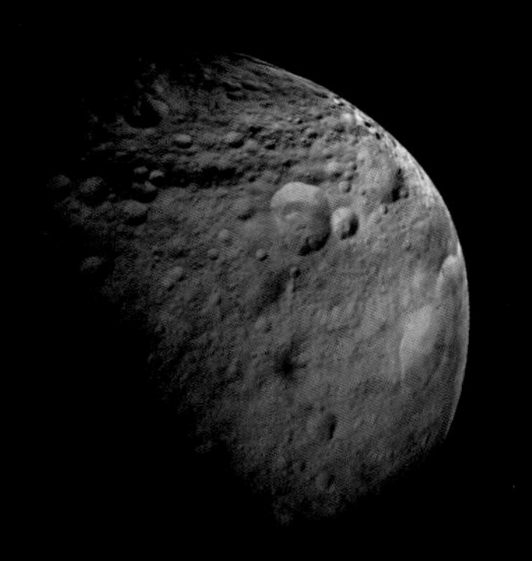

近地小行星

近地小行星的轨道与地球轨道相交，它们很有可能撞击地球，严重的话还会给地球带来海啸、地震等灾难。

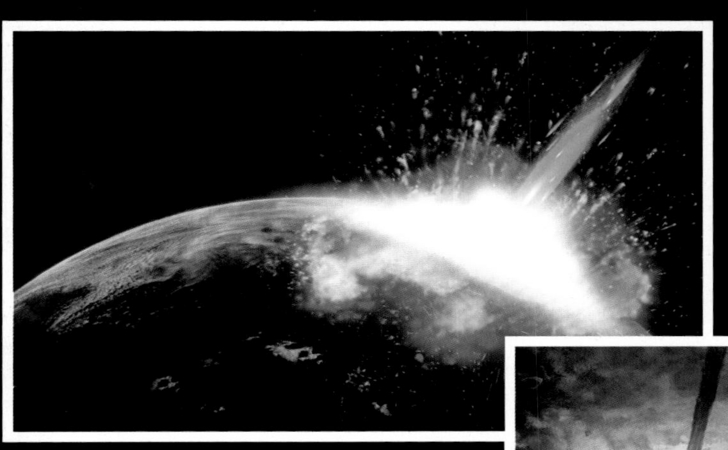

据说6500万年前的恐龙灭绝与小行星撞击地球有一定的关系。

彗星

彗星也被称为“扫帚星”，是一种呈云雾状、有着小尾巴的奇特天体。

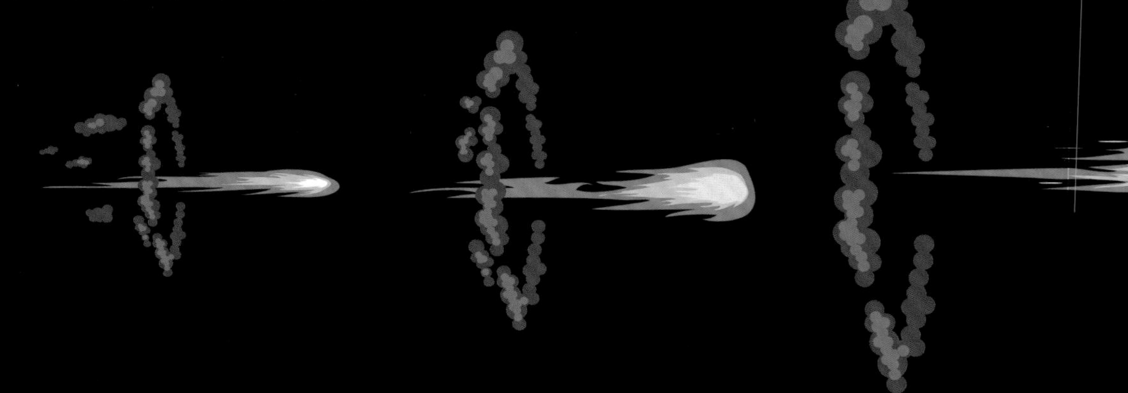

彗星的体积不固定，靠近太阳时，体积较大，远离太阳时，体积较小。

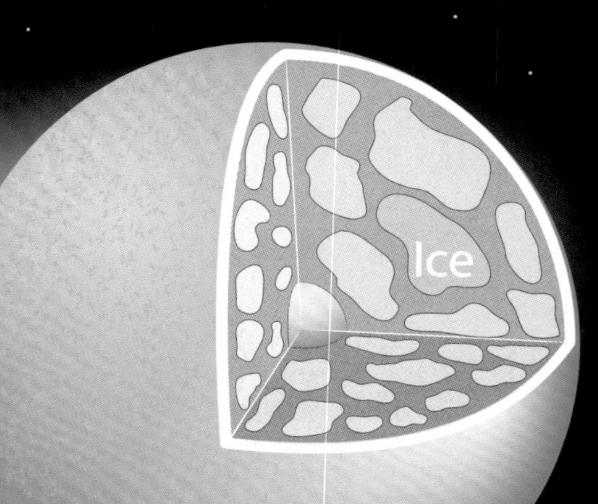

气体彗尾

由水冰和硅酸盐岩石尘埃组成的彗核。

太阳

彗发是彗核的蒸发物，其形状和大小与距离太阳的远近密切相关。

尘埃彗尾

各种各样的彗尾

彗尾是由气体和尘埃组成的，不同效应的相互作用使彗尾也各不相同。

气体彗尾和尘埃彗尾

根据彗尾的形状和受太阳斥力的大小，分为气体彗尾和尘埃彗尾两大类。

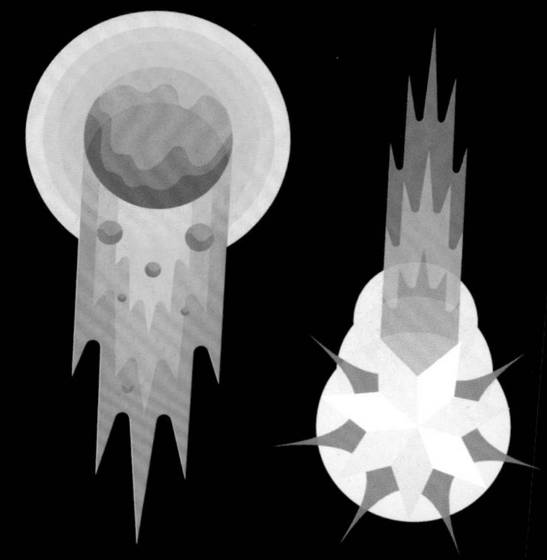

气体彗尾是由一氧化碳、二氧化碳和氢等离子气体组成的，呈蓝色，细长而笔直。

尘埃彗尾呈黄色，是由太阳辐射的斥力产生的，形状略弯曲，又短又粗。

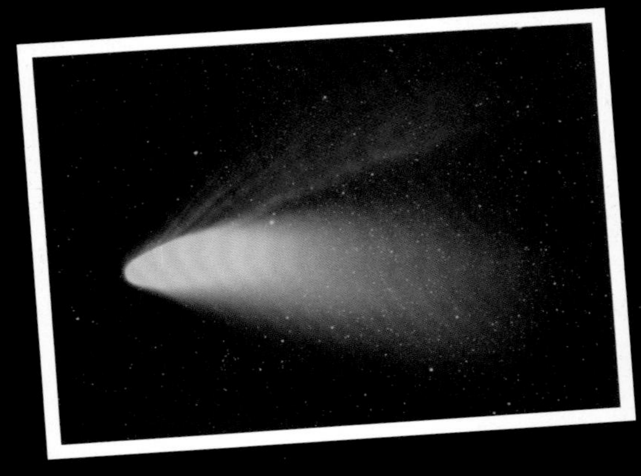

海尔 - 波普彗星

海尔 - 波普彗星是一颗长周期彗星，于木星轨道外被发现。

彗星的轨道

彗星的轨道可以分为椭圆、抛物线和双曲线三种。椭圆轨道的彗星也被称为周期彗星，可以定期经过太阳。另外两种为非周期彗星，一生只能接近太阳一次。

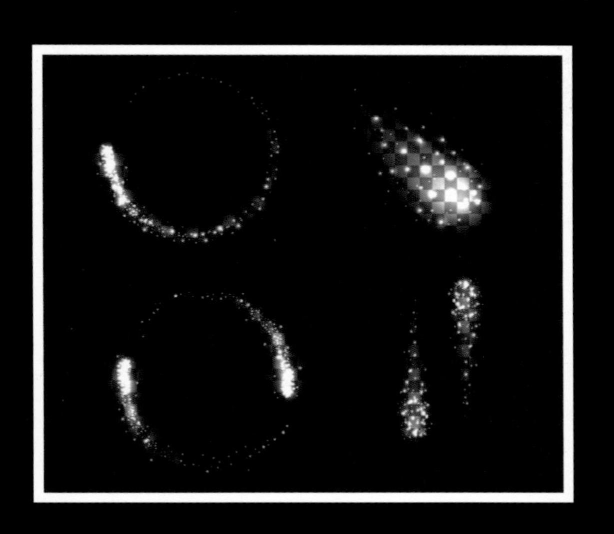

流星

围绕太阳运动的宇宙尘粒和固体块等物质，在经过地球时，有的会受地球引力进入地球大气层，与大气摩擦燃烧发光，这就是流星。

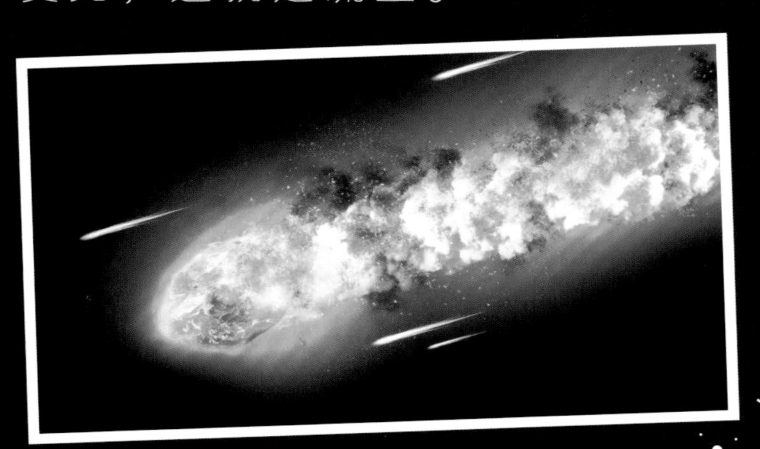

流星可以分为单个流星、火流星和流星雨三类，其中流星雨是指从天空中同一个辐射点发射的天文现象。

英仙座流星雨

英仙座流星雨是最活跃且最常被拍到的流星雨之一，与双子座流星雨、象限仪座流星雨并称为北半球三大流星雨，位列全年三大周期性流星雨之首。

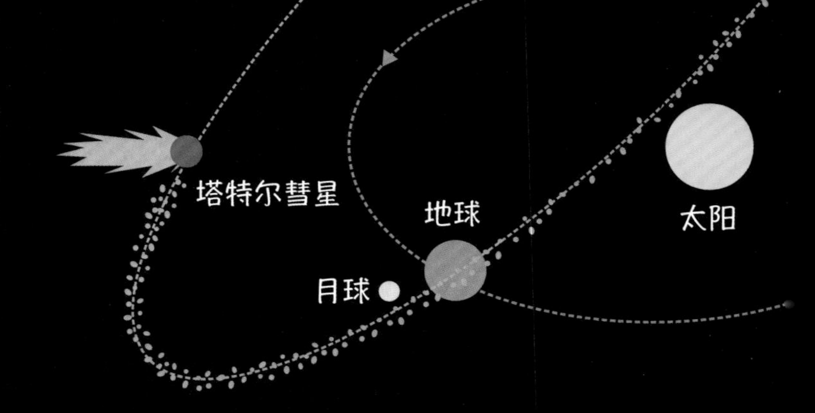

象限仪座流星雨

双子座流星雨

观赏流星雨

大多数流星雨发生的时间都是在每年的同一时间，以下为一些著名的流星雨及观赏时间。

象限仪座流星雨：位于牧夫座，适合 1 月上旬观测。

天琴座流星雨：位于天琴座，适合 4 月下旬观测。

宝瓶座 Eta 流星雨：位于宝瓶座，适合 5 月上旬观测。

摩羯座流星雨：位于摩羯座，适合 6 月下旬观测。

英仙座流星雨：位于英仙座，适合 8 月中上旬观测。

猎户座流星雨：位于猎户座，适合 10 月下旬观测。

狮子座流星雨：位于狮子座，适合 11 月中旬观测。

双子座流星雨：位于双子座，适合 12 月中上旬观测。

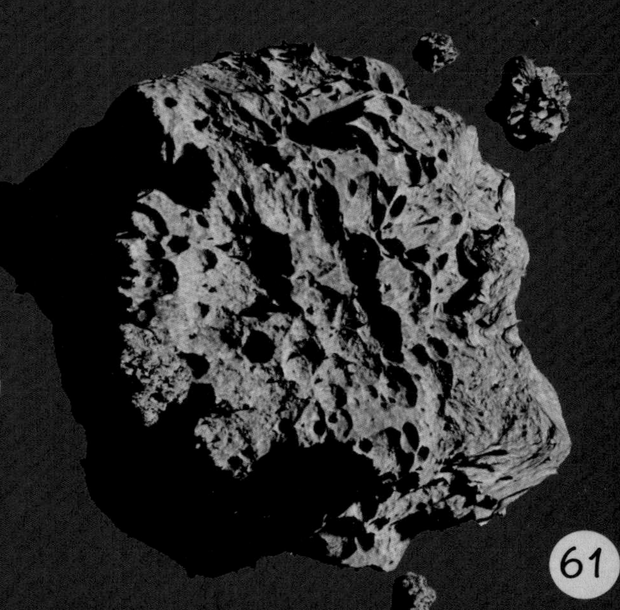

流星体

流星体与流星不同，流星体是指太阳系内颗粒状的碎片，其直径一般较小，肉眼可见的流星体直径在 0.1~1 厘米之间。

陨石

陨石是地球以外脱离原运行轨道的流星或碎块落到地球或其他行星的物质，又叫陨星。

每年约有 500 颗陨石落在地表，大的陨石会形成巨大的撞击坑。

大部分陨石来自于小行星带，小部分来自于月球和火星。

陨石的分类

根据陨石内部的铁镍金属含量可以将其分为石陨石、铁陨石、石铁陨石和玻璃陨石四大类。

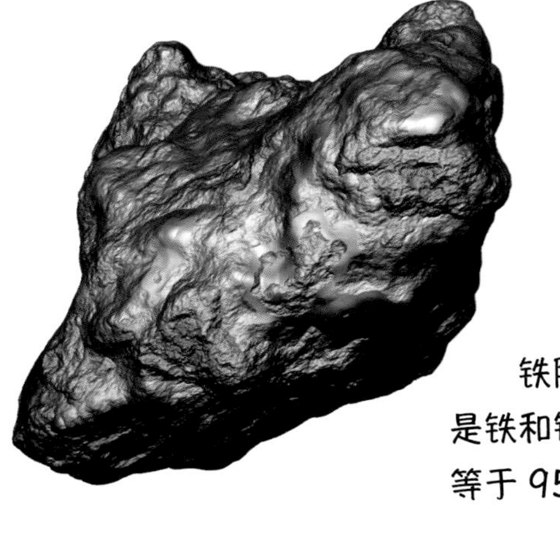

铁陨石的主要成分是铁和镍，其含量大于等于 95%。

石陨石约占陨石总量的 95%，主要由碳酸盐矿物质组成。

石铁陨石中硅酸盐与镍铁合金的含量相当。

玻璃陨石是某种石陨石降落过程中熔化的液质迅速冷却结晶而成的，是半透明的玻璃质体。

玻璃陨石表层有气泡爆裂后留下的大小不等的坑，有的有环形山状图案。

霍巴陨石

霍巴陨石是迄今为止地球上发现的最重的一块陨石。

鉴别陨石

1. 陨石表面有一层薄薄的熔壳。
2. 陨石表面有像手指印记一样的气印。
3. 陨石内部含有金属颗粒。
4. 大多数陨石都含有铁，可以被磁铁吸住。
5. 大部分陨石为球粒陨石，横断面可以看到圆形球粒。
6. 陨石比地球上的一般岩石要重。

陨石

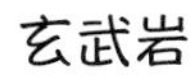

玄武岩

黑洞

黑洞是存在于宇宙空间的一种特殊天体，这种天体无法被直接观测，宇宙中大约存在 1000 亿个超大质量黑洞。

黑洞的形成

爱因斯坦的相对论认为，当恒星将结束生命时，没有足够的力量撑起外壳的重量，在外壳的重压下，核心坍塌收缩，物质聚集成一点，成为黑洞。

黑洞的中心密度无限大、体积无限小、时空曲率无限高。

分类

根据黑洞的物理特性质量可以将其分为史瓦西黑洞、R-N 黑洞、克尔黑洞、克尔 - 纽曼黑洞和双星黑洞 5 类。

史瓦西黑洞

史瓦西黑洞是不带电、不旋转的黑洞，由较大的恒星演化而来。

R-N 黑洞

R-N 黑洞是不旋转带电黑洞，它有两个视界，落入黑洞的物质一旦穿过外视界，就必须穿越内外视界间的空间。穿过内视界后，可以自由移动。

克尔黑洞

克尔黑洞是一种轴对称黑洞，它旋转且不带电。据科学家猜测，克尔黑洞极可能连接着两个世界。

克尔-纽曼黑洞

克尔-纽曼黑洞指旋转带电黑洞或自转带电黑洞，它像一个质子，但比质子大。如果黑洞的电荷或者角动量远远大于它的质量，黑洞的奇点就会裸露出来，同时吞噬周围所有物质。但若电荷为0，就成了克尔黑洞。

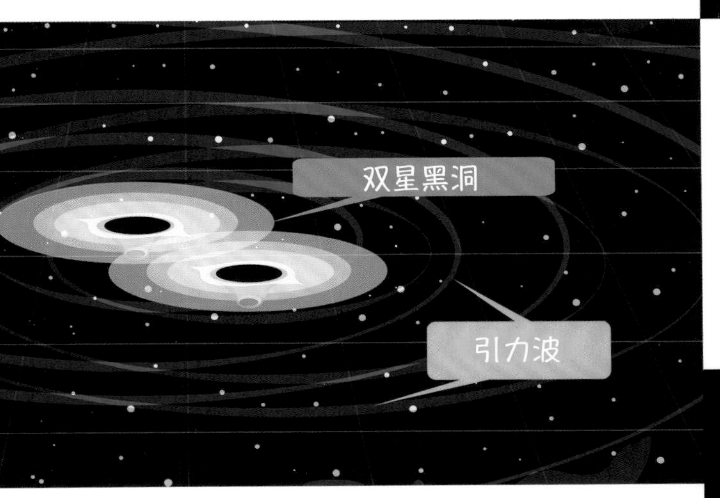

双星黑洞

双星黑洞是一种与其他黑洞彼此之间相互绕转的黑洞。

当双星黑洞环绕足够久的时间，两个黑洞将产生碰撞、合并，释放含有巨大能量的引力波。

白洞与虫洞

白洞是一个与黑洞相反的特殊宇宙天体，它只发射物质和能量，不吸收任何辐射和物质。

虫洞是宇宙中可能存在的连接两个不同时空的空间隧道。

星座

星座是从宇宙的不同位置共同发出的可见光到达地球被人们观测到的恒星聚合形态，是投影在天球上的位置相近的恒星组合。

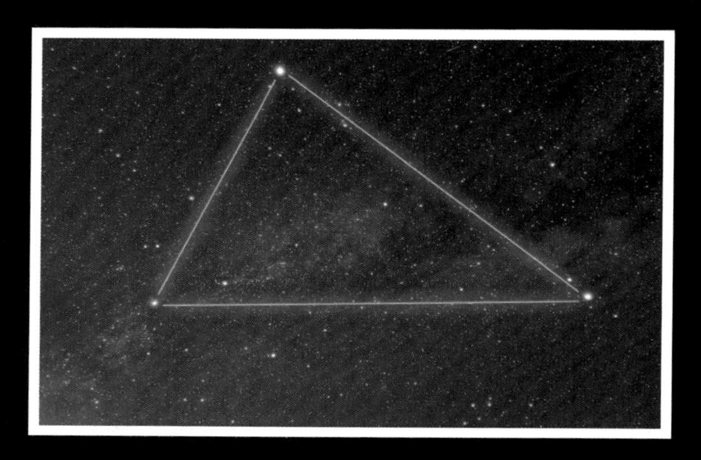

夏季大三角

夏季大三角是指夏季天空中由织女星、天津四和牛郎星组成的三角形。

人马座

人马座也被称为射手座，其面积在八十八个星座中排第十五。

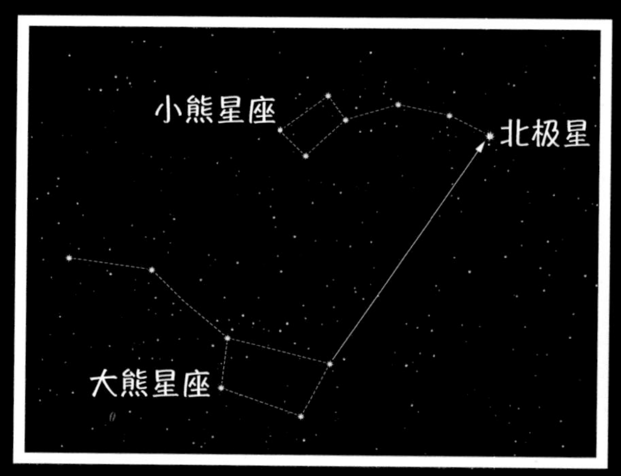

大犬座

大犬座位于南天，是全天八十八星座之一。

北极星

北极星最靠近北天极，是北部天空中最亮的星，人们可以根据北极星辨别方向。

黄道十二星座

十二星座是指太阳在天球上经过黄道的十二个区域。

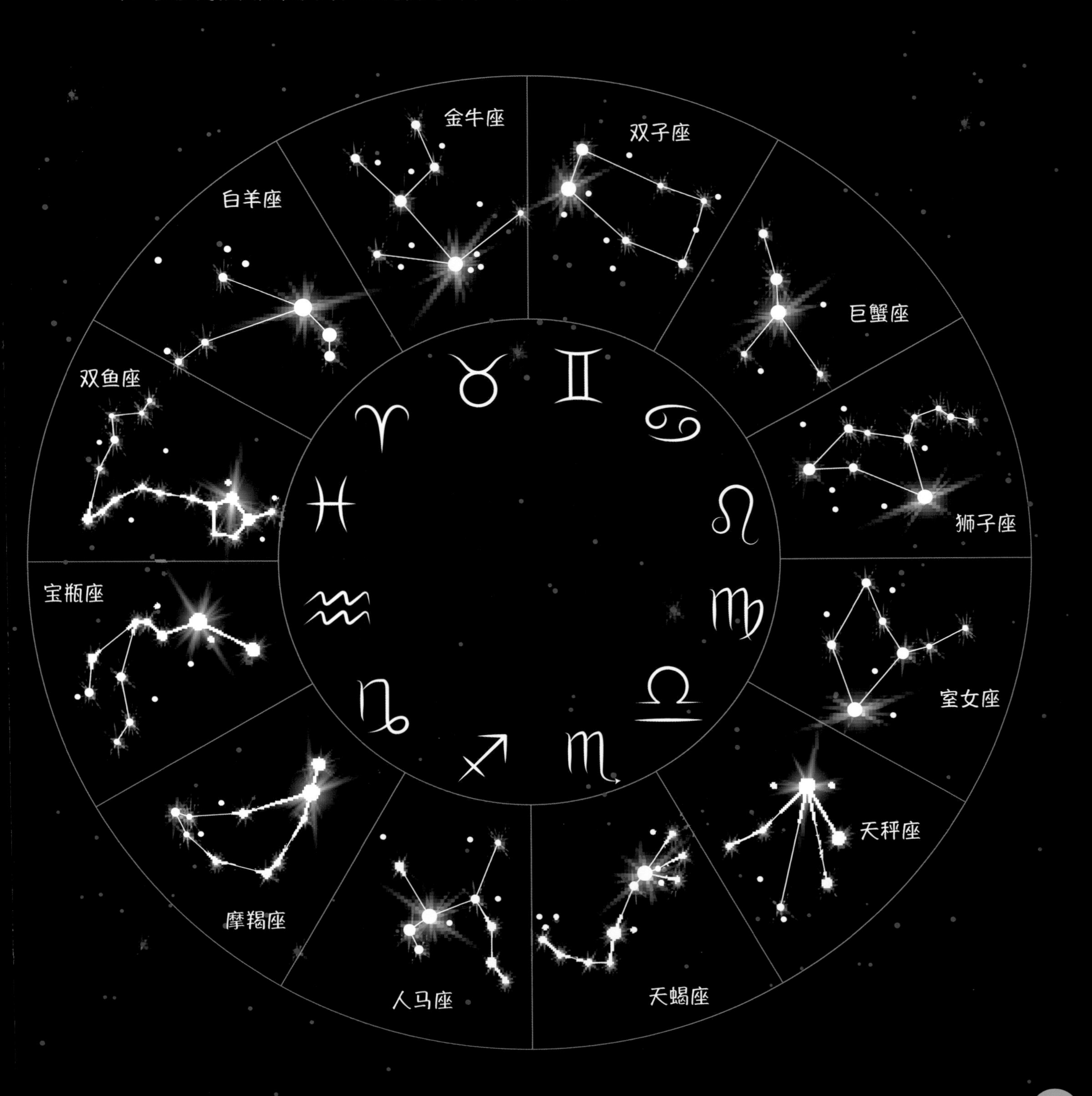

北半球星图

赤道将地球划分为南北两个半球，两个半球所能观测到的星座也有所不同。

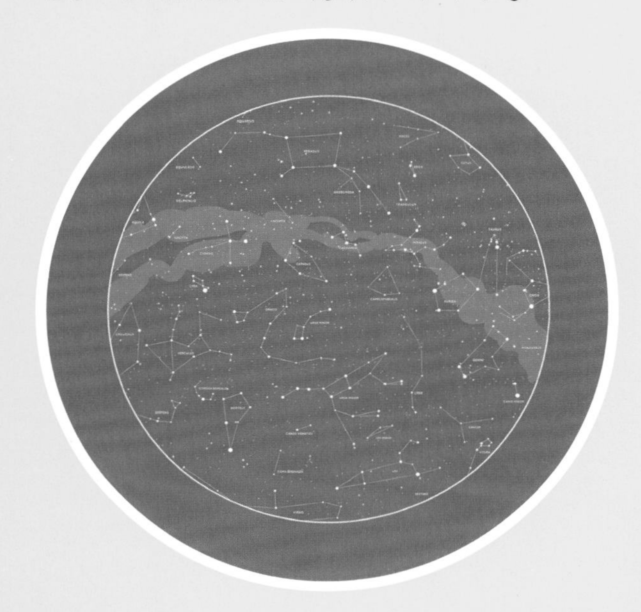

星图可以帮助人们识别天空中的星座。

仙后座

仙后座形状呈“W”形，开口朝向北极星。靠近北天极，可以用肉眼观测到的星星约有100颗。

金牛座

金牛座有“两星团加一星云”的说法，它有两个肉眼可见的星团：昴星团和毕星团，ζ星的附近有一个著名的蟹状星云。

天鹅座

天鹅座曾被称为“北十字”，它排列得像一个“十”字。

英仙座

英仙座位于仙女座和仙后座的东部，呈“人”字形或弯弓形排列。

天琴座

天琴座因其形状像古希腊的竖琴而得名，织女星是它的主星，也是它最亮的一颗星。

南半球星图

南半球的光污染较少，能看到的星体较多，与北半球相比，南半球更适合观星。

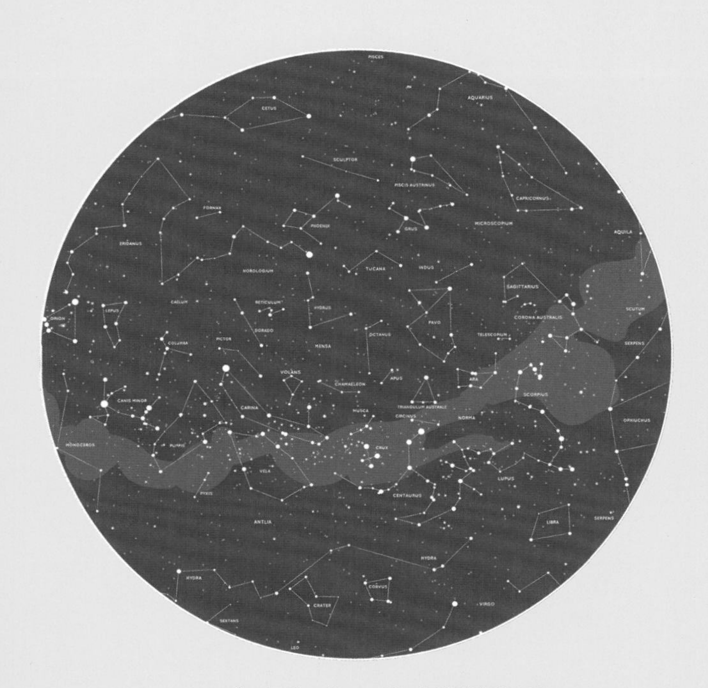

在南半球，可以依据此图辨识星座，寻找方向。

南十字座

南十字座位于银河最亮的地方，是全天八十八个星座中最小的一个。

半人马座

半人马座有α星和β星两颗亮星，这两颗星在古代也被称为“南门双星”。

水蛇座

水蛇座远离黄道，位于大麦哲伦星云和小麦哲伦星云之间。

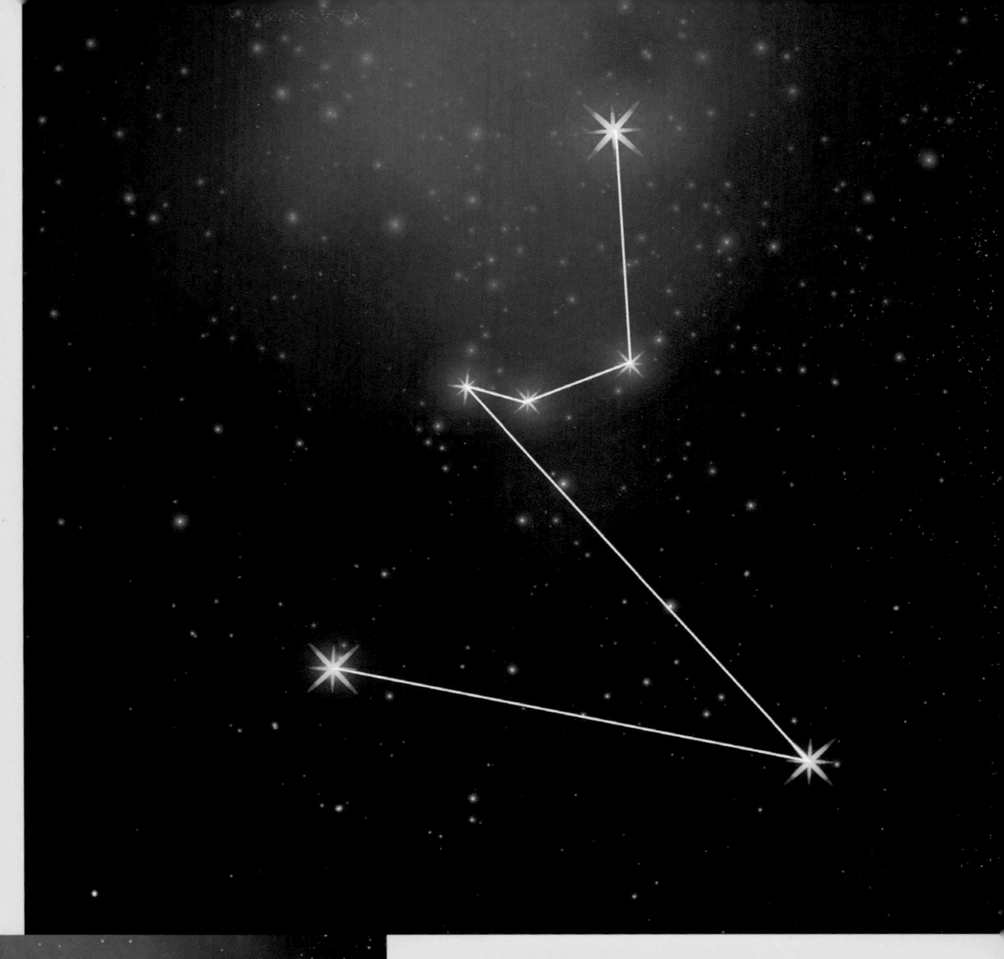

苍蝇座

苍蝇座曾被称为蜜蜂座，位于南十字座和半人马座的南部，蝘蜓座的北部，圆规座与船底座之间的银河中。

人造天体

宇宙中的天体可以分为自然天体和人造天体两类，人造天体包括宇宙飞船、航天器和太空垃圾等。

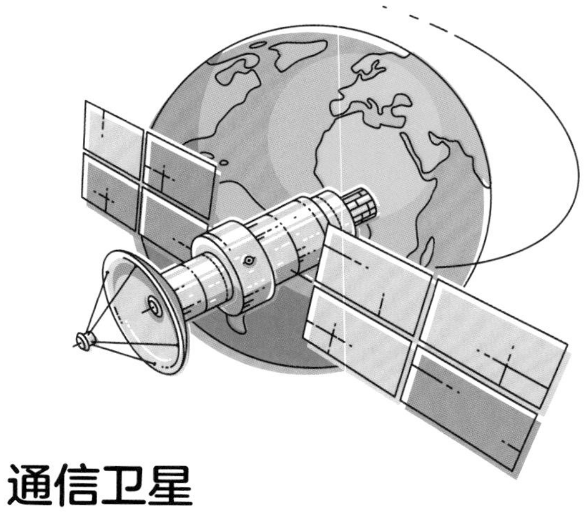

人造卫星

人造卫星是一种无人航天器，它在环绕地球的空间上运行。

通信卫星

通信卫星绕地球航天器空间站轨道飞行。

太空碎片

太空碎片又叫太空垃圾，是宇宙空间中的无用人造物体。

航天飞机

航天飞机有人驾驶，可重复使用，是一种往返于近地轨道与地面间的运载工具。

空间站

空间站又叫太空站，是一种载人航天器，在近地轨道长时间运行，可供多名宇航员长期工作和生活。

宇宙飞船

宇宙飞船有一次性使用的，也有可重复使用的，常用来运送航天员、货物等到达太空，并安全返回。

太阳系家族

太阳系是太阳和以太阳为中心、受到它的引力支配而环绕它运动的天体所构成的系统。成员包括太阳和 8 颗行星、5 颗矮行星和 180 多颗已知卫星、众多的小行星、彗星、流星体和行星际物质等。

太阳系

太阳系家族非常庞大，包含数十亿个星体。

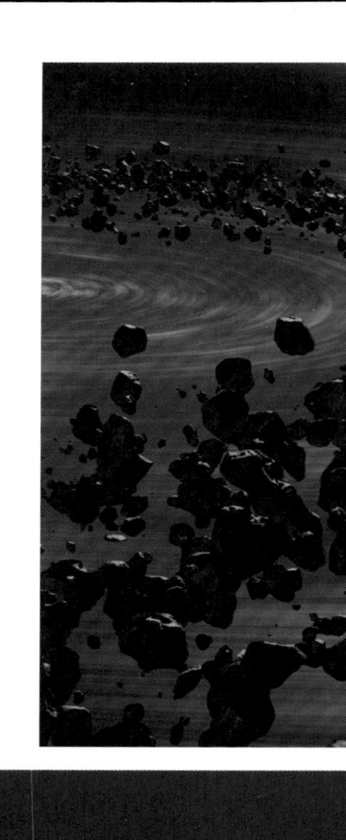

八大行星

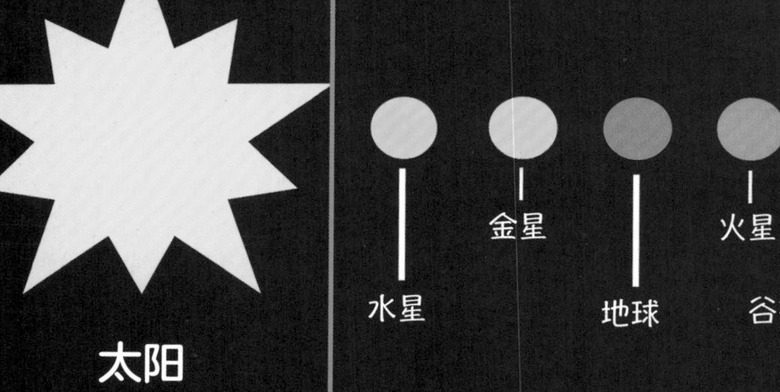

流星

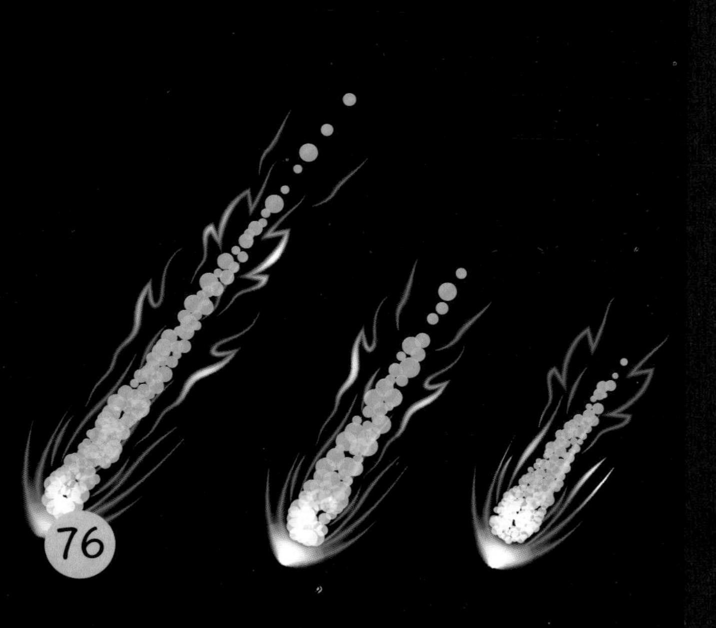

小行星带

小行星带位于火星和木星的轨道之间，有大约 50 万颗小行星。

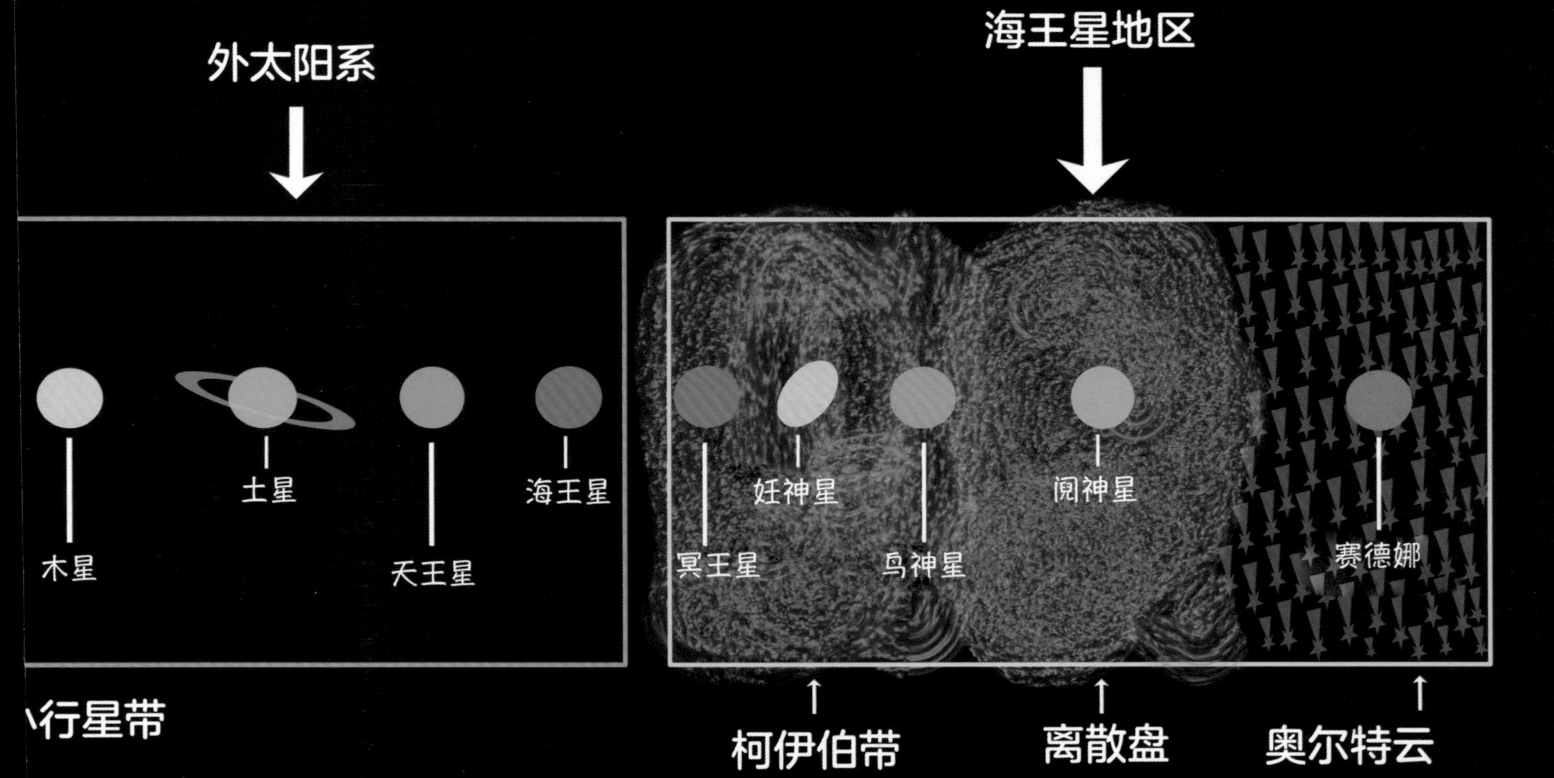

太阳

太阳是太阳系的中心天体，太阳系中的八大行星、流星以及星际尘埃等都围绕太阳进行公转。

太阳的质量占太阳系总体质量的 99.86%。

太阳档案

直径：1.392×10^6 km
质量：1.9891×10^{30} kg
表面平均温度：5496.85℃
自转周期：25.05 天
类型：黄矮星（光谱为 G2V）
分类：恒星

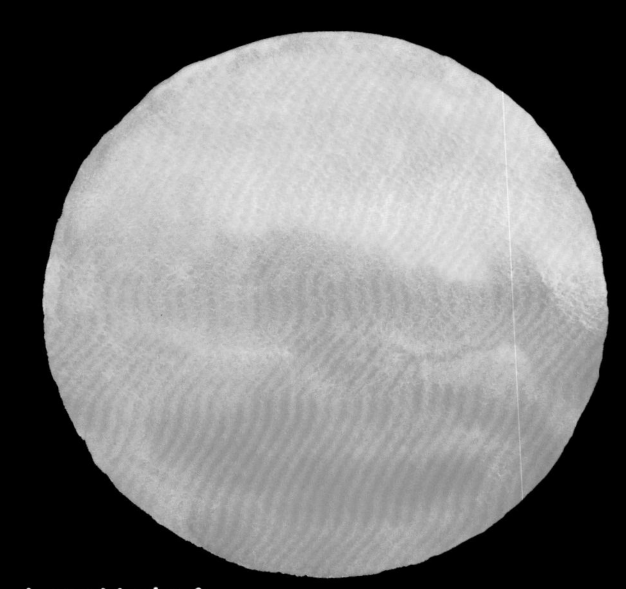

太阳的寿命

太阳现在约 46 亿岁，一颗黄矮星的寿命为 100 亿年左右。

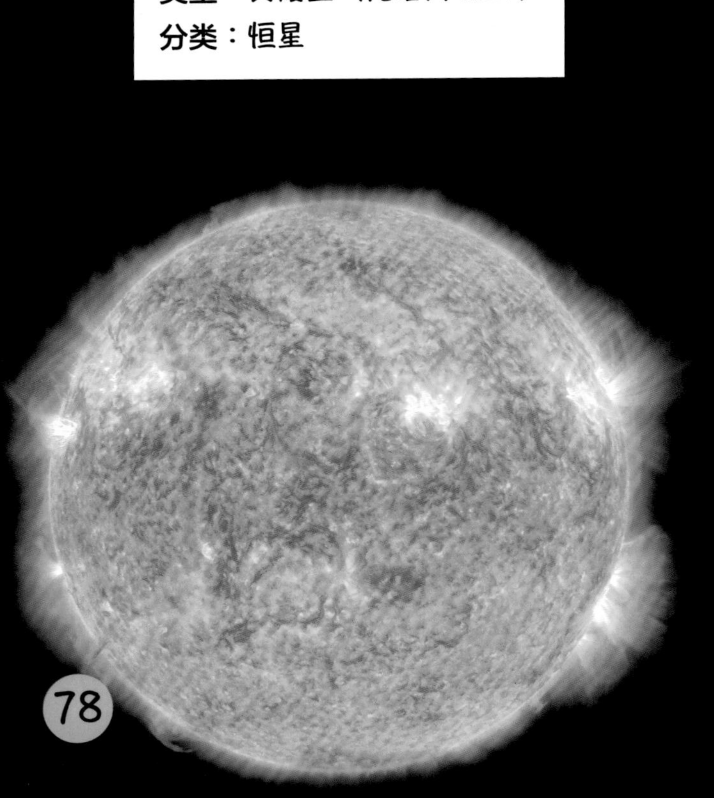

燃烧

太阳一直在进行核聚变反应，大约五六十亿年之后，太阳内部的氢元素会消耗殆尽，太阳的核心将发生坍缩，变成一颗红巨星。

由恒星到星云

恒星和星云可以互相转化。太阳经过红巨星阶段后，激烈的热脉动将导致太阳外层的气体逃逸，形成行星状星云。等到外层被完全剥离之后，唯一留存下来的就是炙热的核心——白矮星。

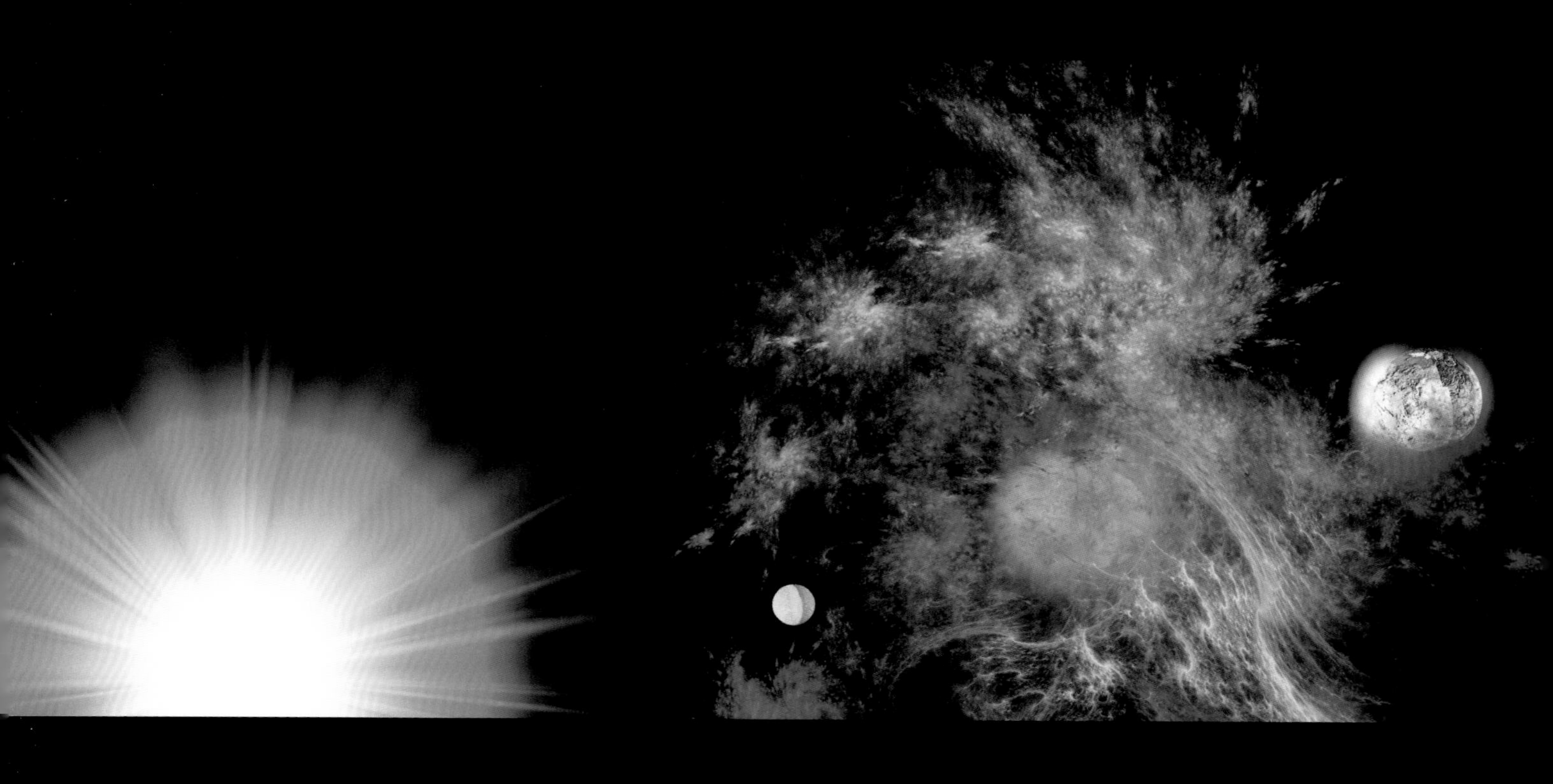

诞生→太阳的生命周期→死亡

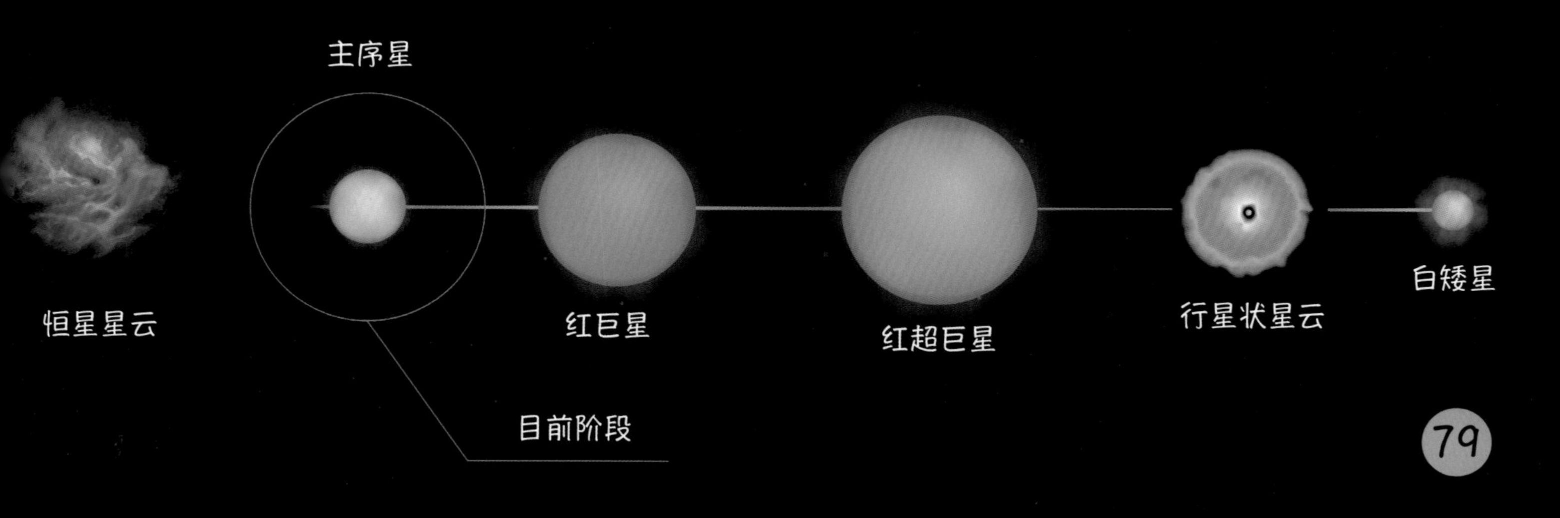

太阳内部

太阳内部发生的核聚变反应是太阳能的主要来源，太阳燃烧1秒释放的能量能供地球上所有生物生存100年。

太阳结构

太阳主要分为太阳大气和太阳内部两部分，以光球层为界，光球层以上为太阳大气，包括光球层、色球层、日冕层。光球层之下为太阳内部，包括太阳内核、辐射层、对流层。

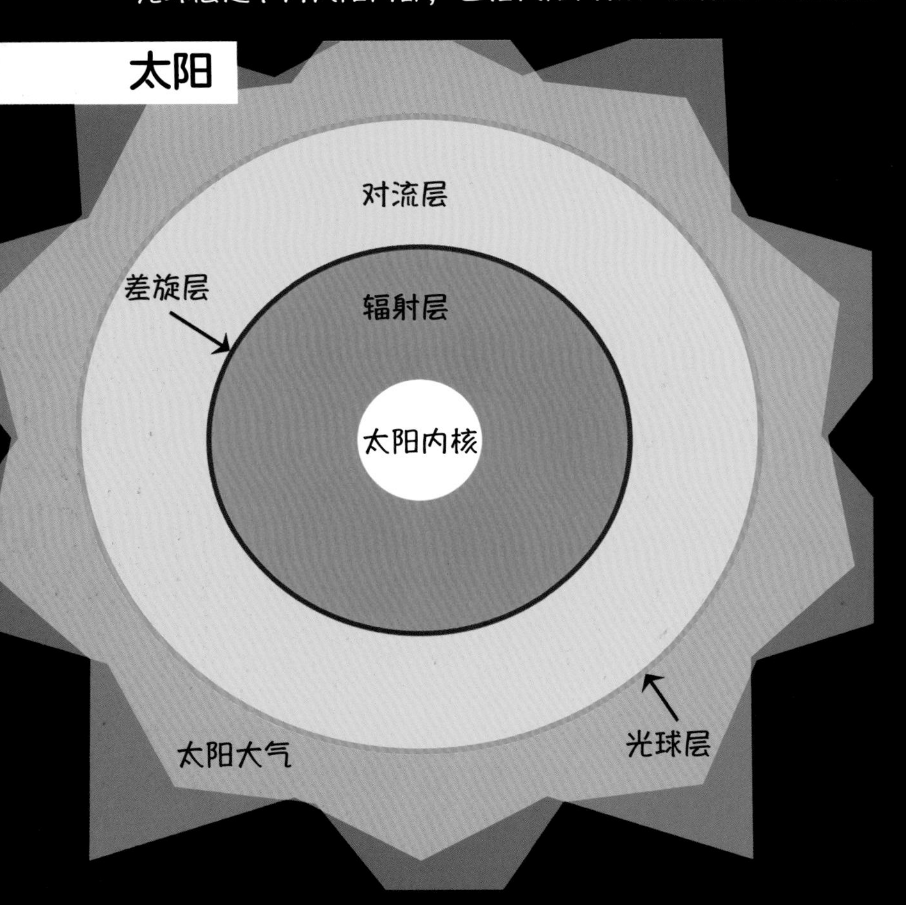

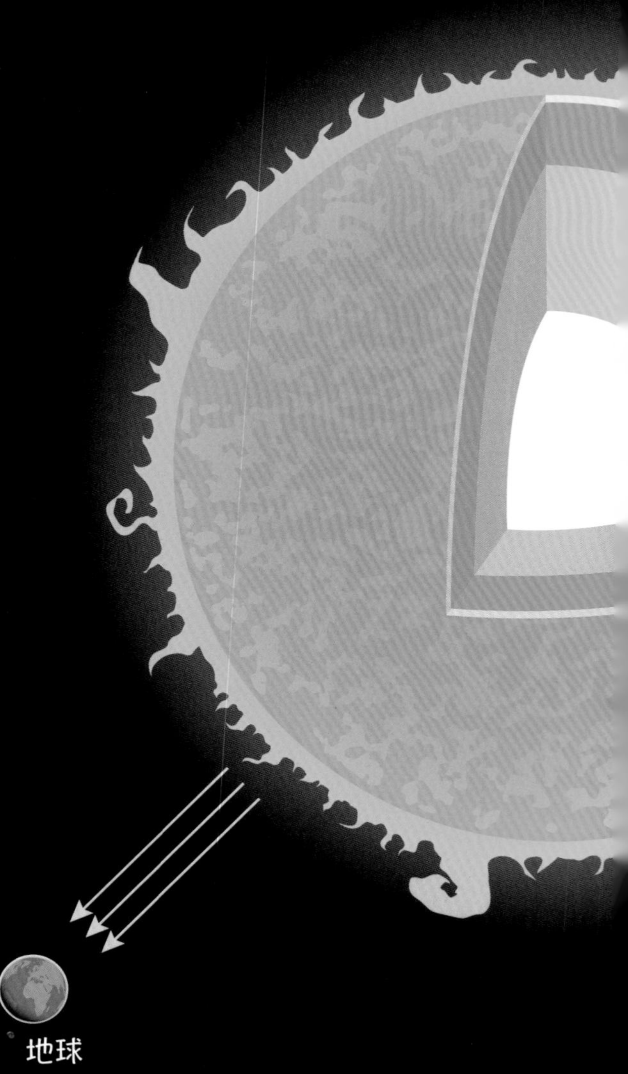

光球层

光球层是一层厚度约为500千米的不透明气体，它位于对流层之上，大部分可见光都是由这一层发出的，它就是我们所看到的太阳表面。

核反应区

太阳的中心是核反应区，它内部的元素会通过核聚变释放巨大的能量。

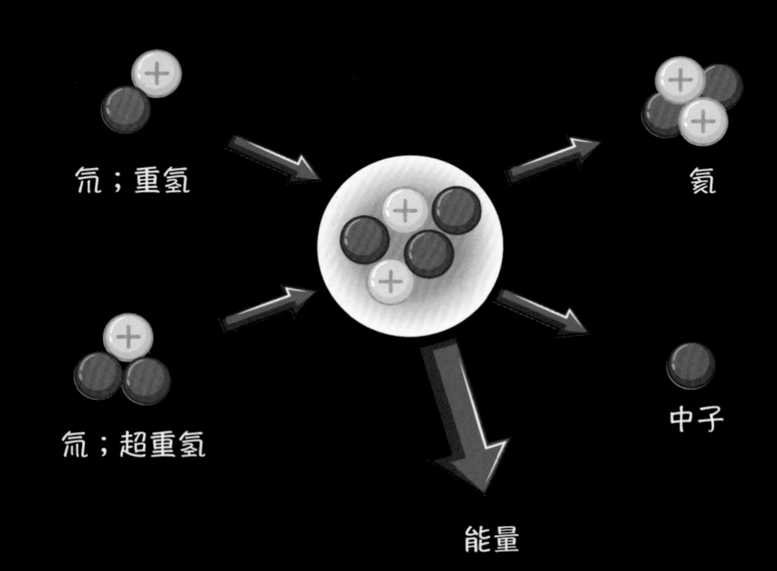

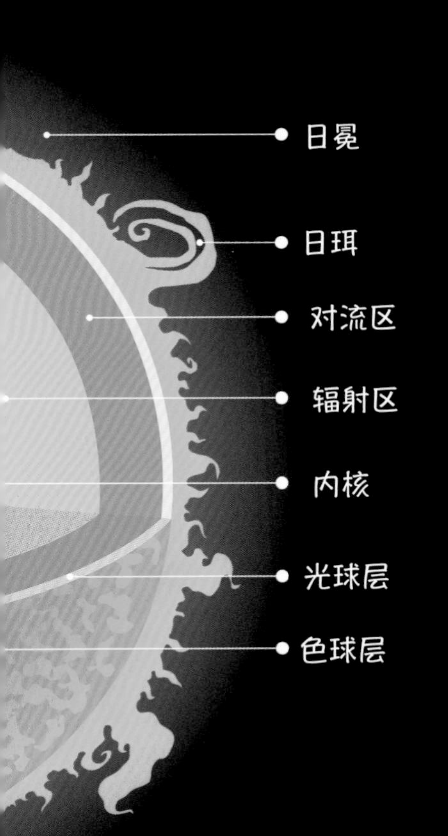

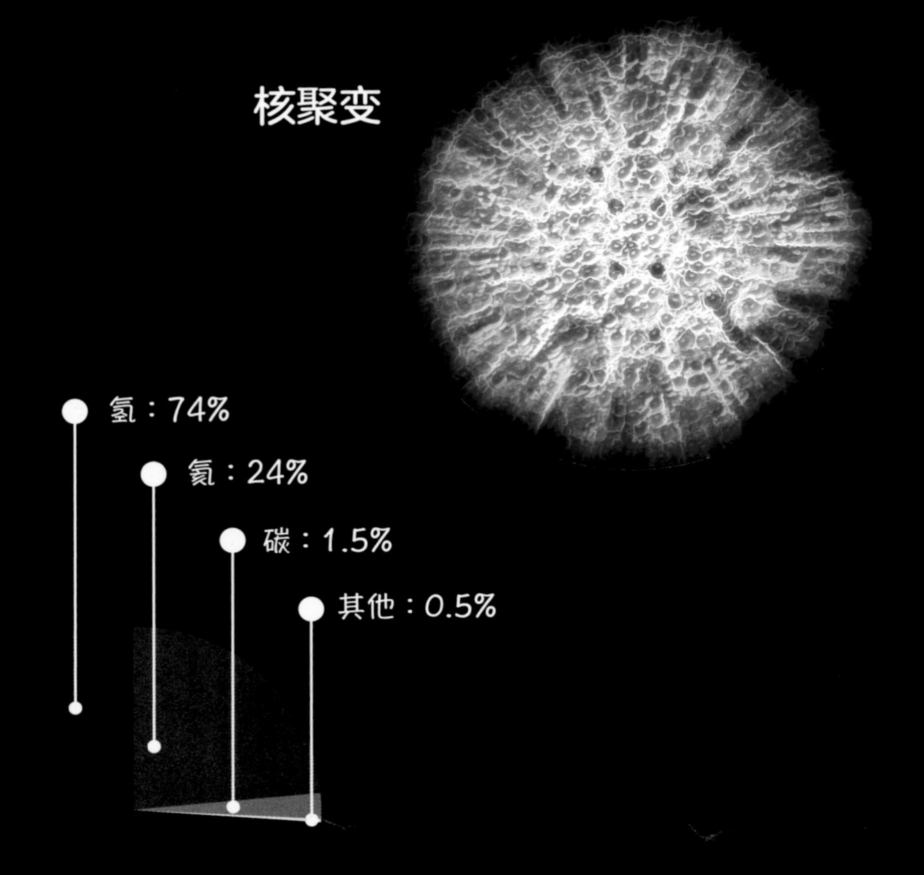

太阳活动

太阳活动主要有光斑、耀斑、谱斑、太阳黑子、日珥和日冕物质抛射等，这些活动是由太阳大气中电磁过程引起的。

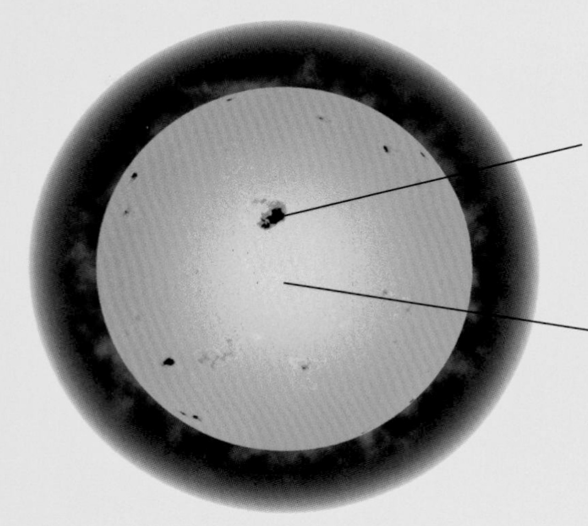

太阳光球上的暗黑斑点，这就是太阳黑子。

光斑是太阳光球层边缘的明亮斑点，一般出现在黑子附近，不过没有黑子的区域也会有光斑的出现。

太阳黑子

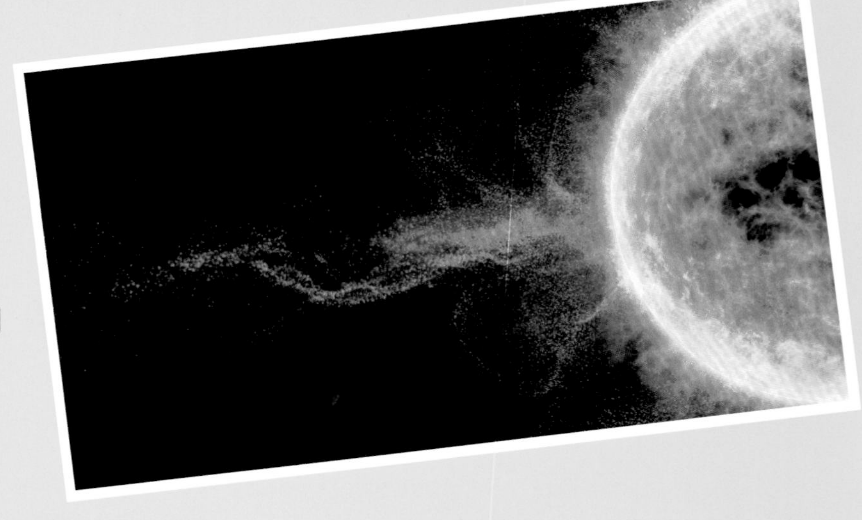

太阳风

日冕因高温膨胀而不断向行星际空间抛出的粒子流，就是太阳风。

活动剧烈期的太阳会辐射出大量粒子流和强烈电波等，引起地球上的极光现象。

耀斑

耀斑是一种剧烈的爆发现象，会在短时间内释放大量的能量。耀斑发生在色球层，也被称为“色球爆发”。

耀斑的影响

耀斑爆发会使紫外线增强，影响空间飞行器的飞行轨道，或腐蚀航天器表面。

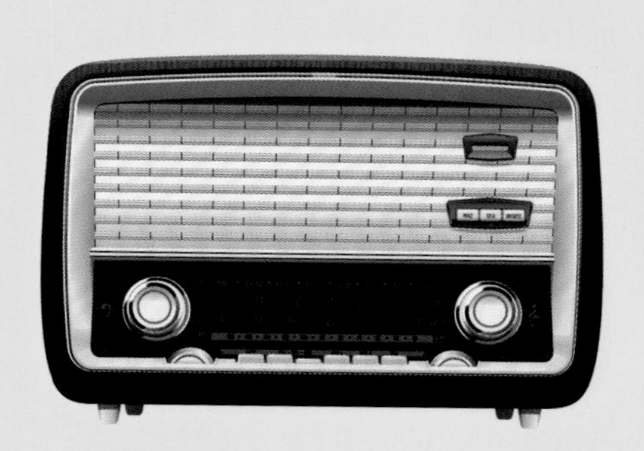

干扰广播、通信等信号，造成信号杂乱、通信中断等。

会使导航产生误差或中断。

日珥

日珥像太阳面的“耳环”，通常发生在色球层。

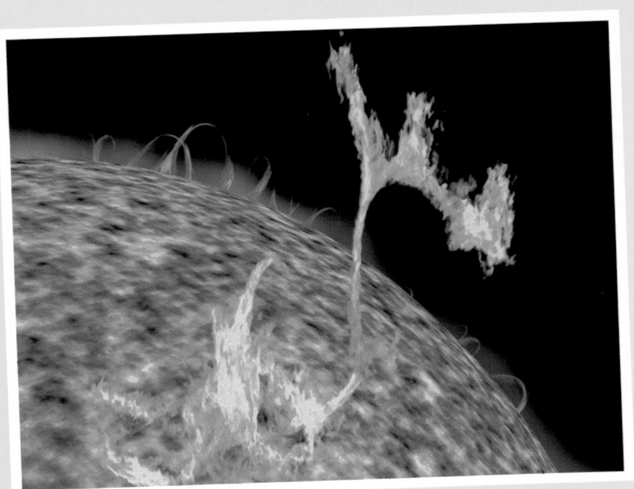

日冕

日冕通常在日全食时或者通过日冕仪才能被看到，它的形状随着太阳活动范围的大小而变化。

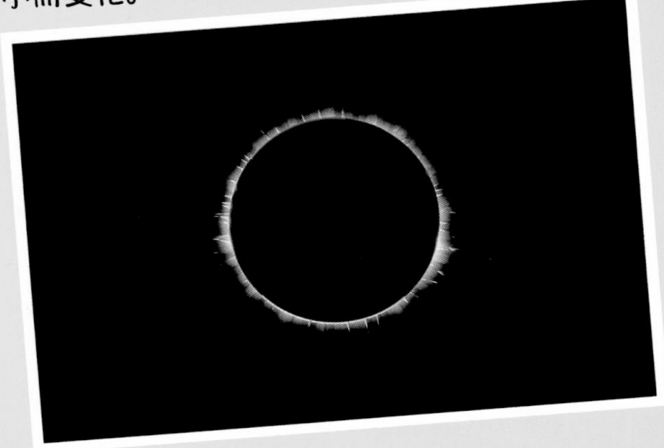

水星

水星是太阳系中离太阳最近的一颗行星，也正因如此，除非是在日食下，其他时间会因太阳的光芒太强烈而基本看不见水星。

水星档案

直径：4878 km

质量：3.3022×10^{23}kg

表面温度：-173℃~427℃

公转周期：87.9691 天

卫星数量：0

分类：类地行星

水星

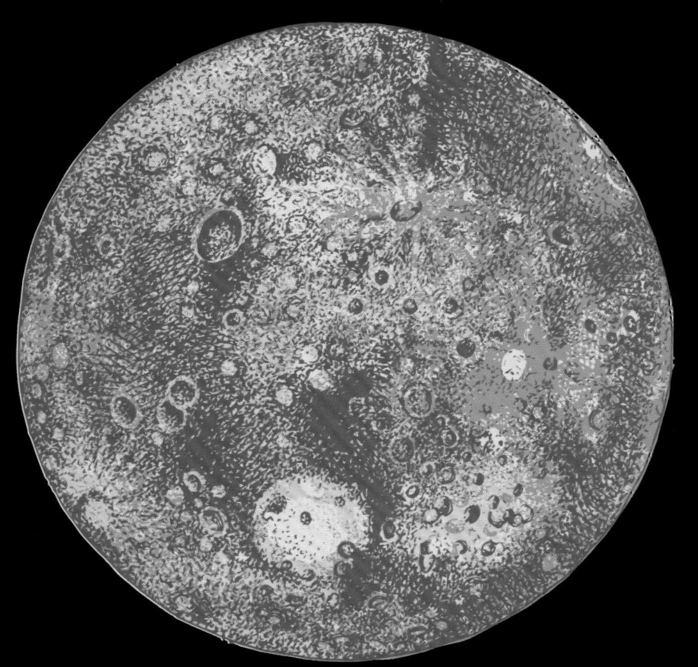

水星知多少

离太阳距离最近：目前还未发现比水星离太阳更近的行星。

轨道速度最快：因为水星距离太阳近，受引力也最大，轨道运行速度比其他行星都快。

卫星最少：水星和金星都没有卫星。

时间最快：水星绕太阳公转一周的时间（即一年），是太阳系中所有行星最短的。

表面温差最大：向阳面和背阳面温差近600℃。

北极

行星离子

水星是太阳系中仅次于地球密度的行星，天文学家推测，水星内部有一个超大的铁质内核，含铁量约有两万亿亿吨。

地壳厚度：100~200 千米

地幔厚度：600 千米

核心半径：1800 千米

南极

地形

水星的表面与月球相似，也分布着辐射纹、环形山、盆地和平原等，不过水星上环形山的坡度要缓于月球。

水星大气层构成

氧：42.0%

钾：0.5%

其他：0.5%

氦：6.0%

氢：22.0%

钠：29.0%

金星

金星在中国古代也被称为太白金星，它是全天最亮的星，夜晚时的亮度仅次于月球。

金星档案

直径：12103.6km

质量：4.869×10^{24}kg

表面温度：465℃～485℃

公转周期：224.7天

自转周期：243天

卫星数量：0

分类：类地行星

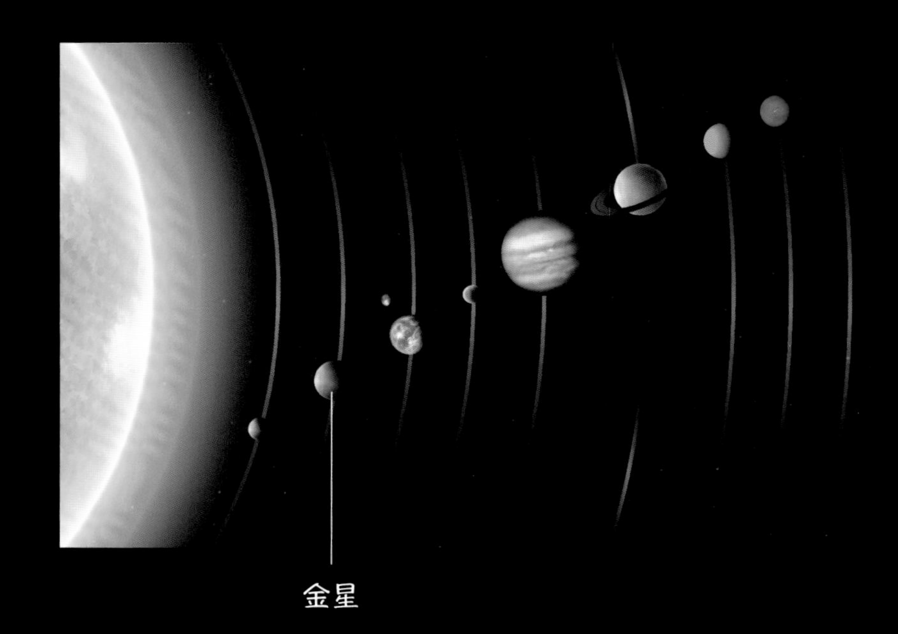

金星

姐妹星

金星和地球不仅质量接近，内部结构也相似，有一个铁－镍核，中间层为主要由硅、氧、铁、镁等化合物组成的地幔，外层主要是由硅化合物组成的很薄的地壳，它俩也被称为“姐妹星”。

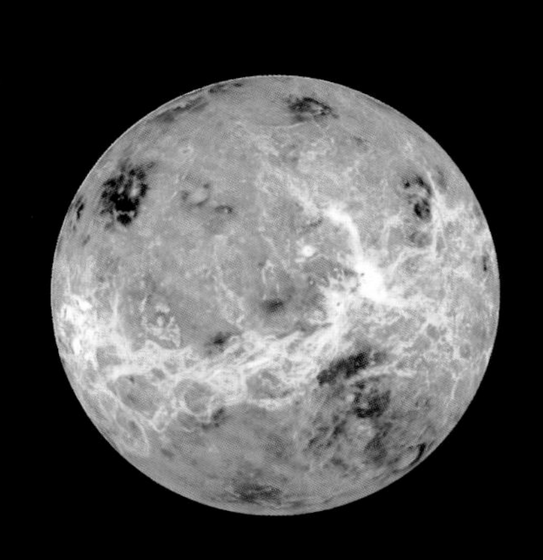

金星是太阳系中拥有火山数量最多的行星，火山数量超过十万，甚至达一百万。

金星表面90%是固化的玄武岩熔岩，也有极少量的陨石坑。

金星自转方向是自东向西，在金星上看太阳是西升东落。

你知道吗?

在我国民间，黎明时分的金星被称为启明星，傍晚时分的金星被称为长庚星。

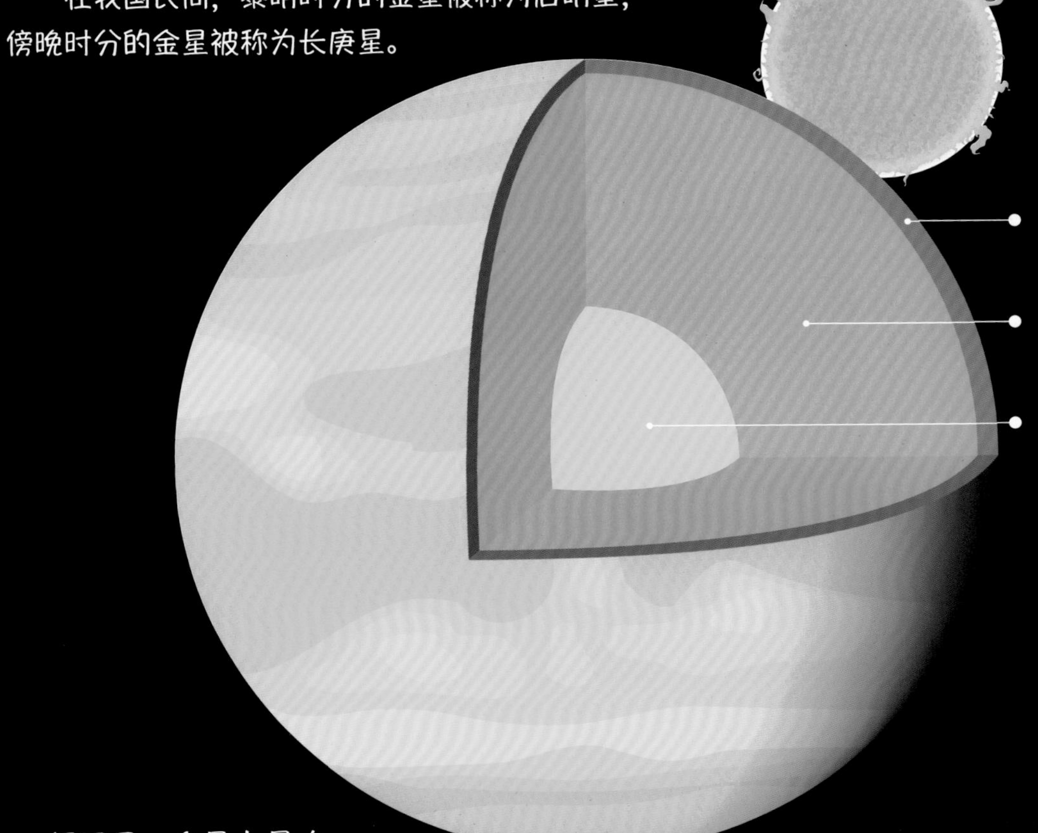

二氧化碳：96.5%

氮：3.5%

金星大气层构成

据记录，金星上最大一次闪电持续时间为15分钟。

地形地貌

金星的天空为橙黄色，大气的主要成分是二氧化碳，氮气占少量。金星的大气压强为地球的92倍。

金星表面70%为平原，20%为高地，10%为低地。

火星

火星是太阳系中由内往外排列的第四颗行星，也是被认为在太阳系中除地球外最有可能存在生命的行星。

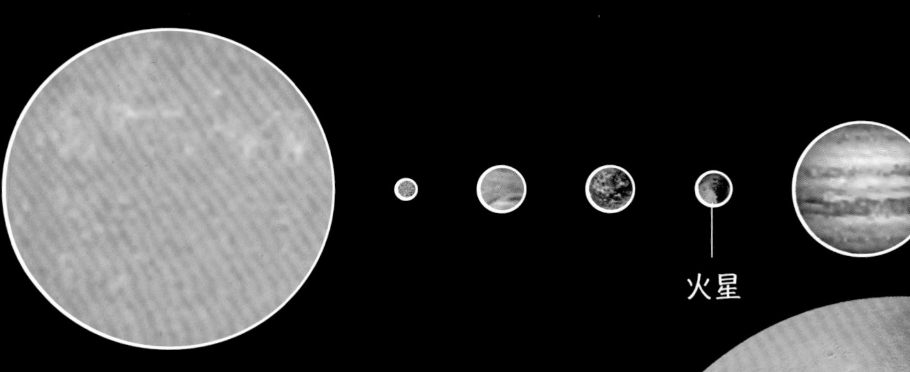

火星与地球类似，也有四季的变换，但火星四季的长度约为地球的两倍。

火星档案

直径：6794km

质量：6.4219×10^{23}kg

表面温度：-63℃

公转周期：686.98 天

自转周期：24.6229 小时

卫星数量：2

分类：类地行星

火星的大气密度大约只有地球的1%。温度低，水和二氧化碳易冻结。火星的两极一直被固态二氧化碳覆盖。

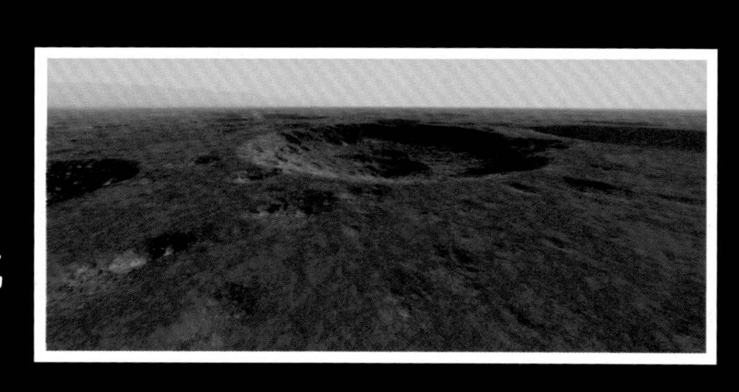

火山坑

火星结构

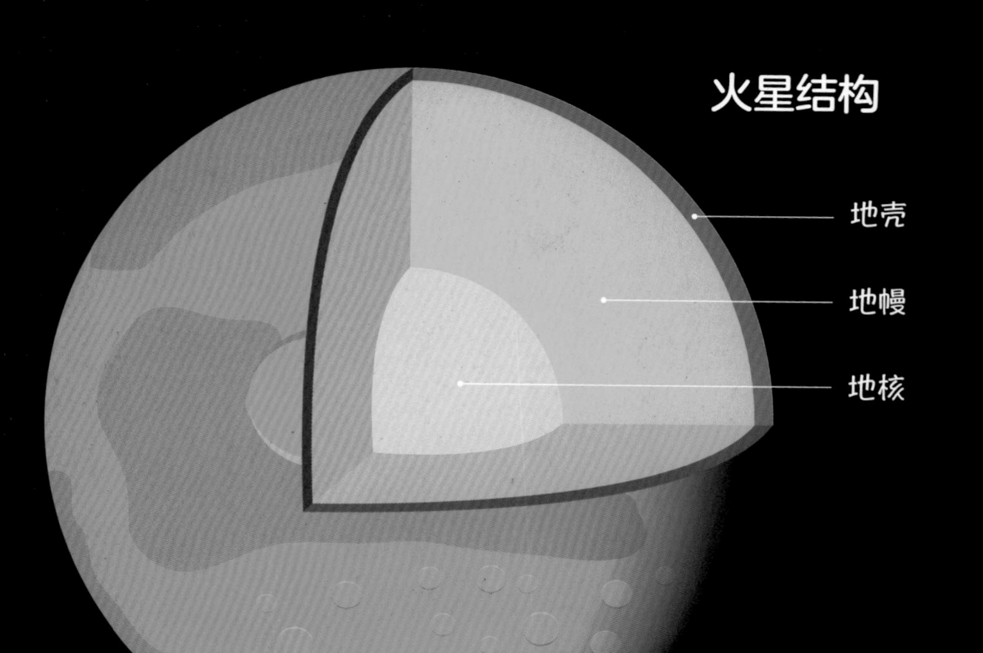

二氧化碳：95.0%
其他：0.4%
氩：1.6%
氮：3.0%

火星大气层构成

火星基本属于沙漠行星，地表遍布沙丘、砾石，沙尘悬浮，常有沙尘暴发生。

火卫二
火星
火卫一

火卫一一天可以绕火星三圈，火卫二绕火星一圈需要 30.3 小时。

2018 年 7 月，科学家们在
星上发现了第一个液态湖。

火卫一是太阳系中最小的卫星之一，也是太阳系中所有卫星距离主星最近的，它与火星的距离只有 6000 米。

小行星带

小行星带位于火星和木星轨道之间，是小行星的密集区域。

小行星带在火星和木星之间环绕太阳运行。

小行星带的形成

小行星是太阳系形成过程中的残留物质。由于木星形成时质量增长最快，阻止了小行星地区另一颗行星的形成，这个区域的残留物质受到木星的干扰，不断碰撞和破碎，形成小行星带。

拓展阅读

提丢斯 - 波得定则

1772 年，德国柏林天文台台长 J.E. 波得总结并发表了由提丢斯提出的关于太阳系行星距离的定则即波得定律，根据这个公式，人们发现了小行星带中的天体——谷神星。

谷神星

谷神星是唯一位于小行星带的矮行星，直至 1990 年，还被认为是最大的小行星。

亚利桑那陨石坑

即便小行星的质量和体积都比行星小的多，但当它撞击地球时仍会造成巨大的破坏，形成撞击坑。亚利桑那陨石坑直径 1.2 千米、深 180 米，大约在 5 万年前形成。

木星

木星属于气体行星，它是太阳系八大行星中自转最快、体积最大的行星。

木星档案

直径：142984 km

质量：1.90×10^{27} kg

表面温度：-168℃

公转周期：11.86 地球年

自转周期：9 小时 50 分 30 秒

卫星数量：79

分类：类木行星

木星的卫星

木星是迄今为止人类发现天然卫星最多的行星，木卫一、木卫二、木卫三和木卫四这四大卫星是 1610 年由伽利略首次发现，又称“伽利略卫星”。

木星结构

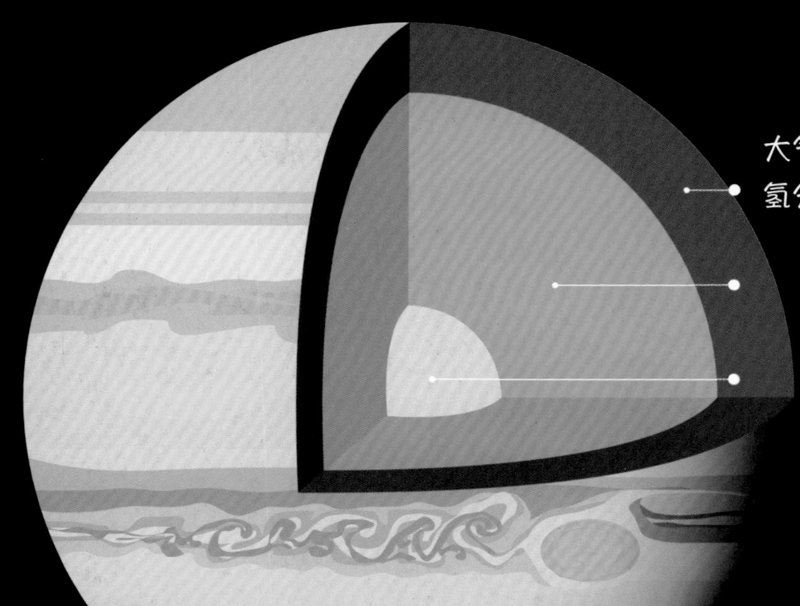

木星大气层构成

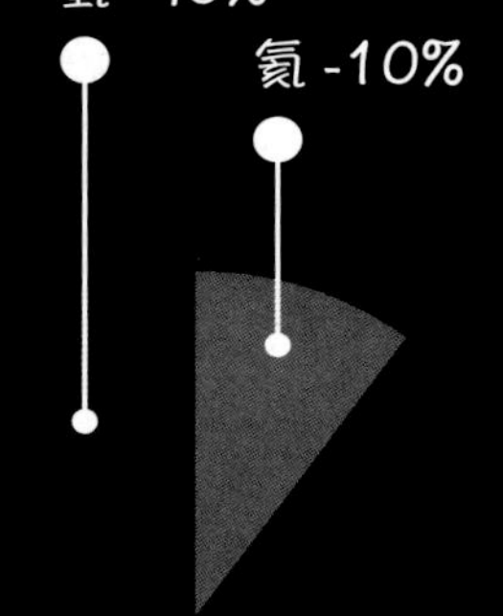

北极区
北温区
北温带
北热带
北赤道带
赤道区
南赤道带
南热带
南温带
南极区

木星的划分区域

木星的外大气层依纬度分为多个带域，白色云带称为区，红棕色云带称为带，各带域相接的边际容易出现乱流和风暴。

土星

土星是太阳系中体积第二大的行星，它有一个美丽的行星光环。

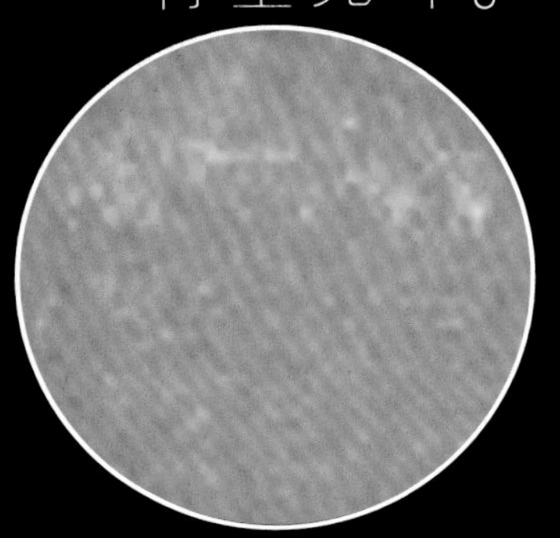

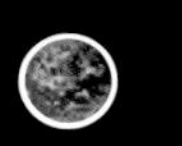
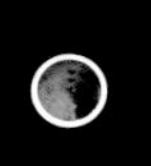
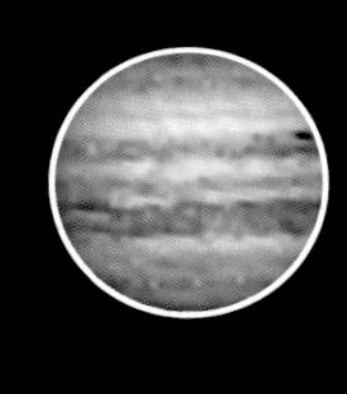
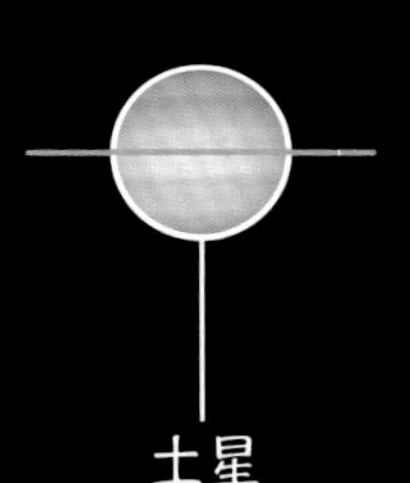

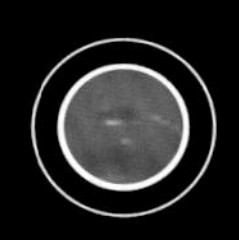
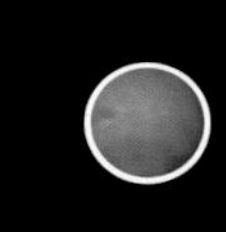

土星档案

直径：120540 km

质量：5.6846×10^{26}kg

表面温度：-191.15℃～-130.15℃

公转周期：29.46 地球年

自转周期：10.546 小时

卫星数量：62

分类：类木行星

土星和木星

土星的内部结构与木星相似，都有一个被氢和氦包围的小核心。

土星

木星

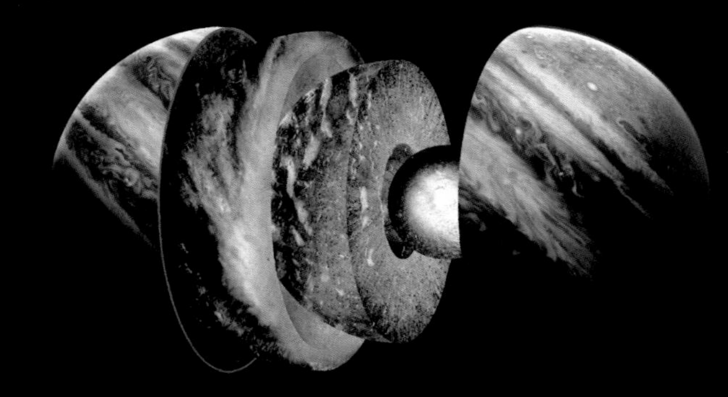

土星结构

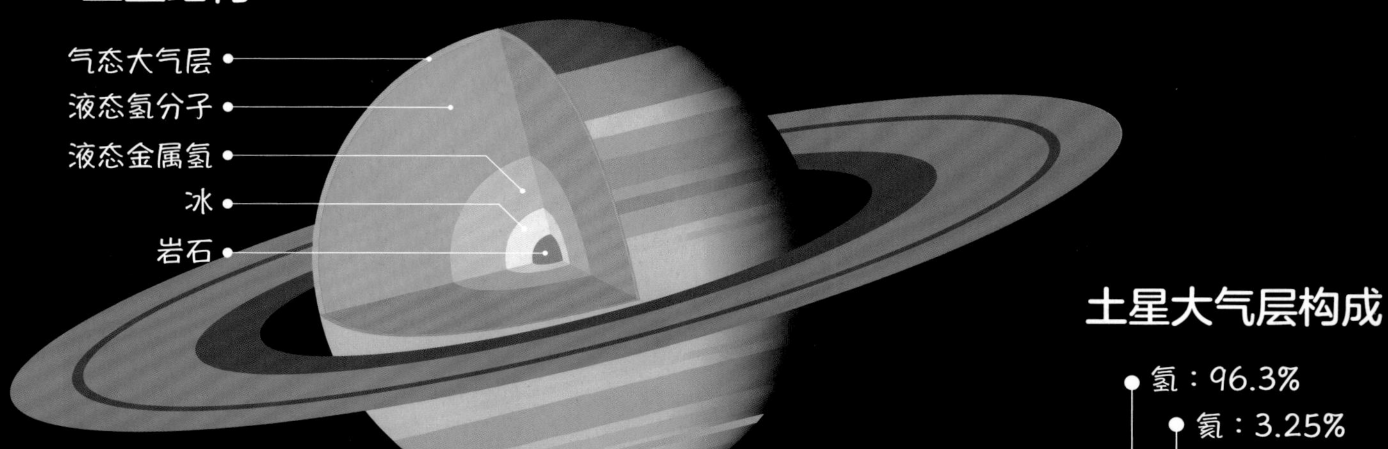

土星大气层构成

氢：96.3%

氦：3.25%

其他：0.45%

土星环

土星环位于土星的赤道面上，在地面观测发现其共由五个环组成，包括三个主环（A 环、B 环、C 环）和两个暗环（D 环、E 环）。

A、B 两环之间的间隙是由卫星的引力造成的卡西尼缝。

B 环内边缘延伸到离土星表面只有 12000 千米处即 C 环。C 环内侧还有更暗的 D 环，D 环几乎触及土星表面。

B 环宽 25000 千米，可并排安放两个地球，也是主环中最亮的。

A 环位于外侧，是第一个被发现的环，在 A 环外侧还有一个由稀疏物质碎片构成的 E 环。

土星极光是由太阳风携带的物质穿越大气电子层引起的。

土星风暴

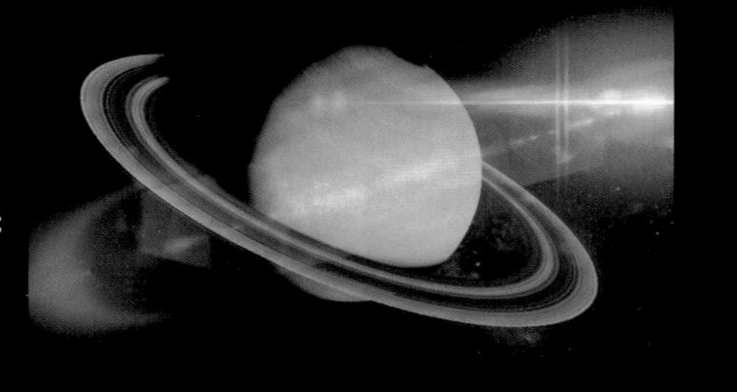

土星的卫星

土星已知的卫星数量仅次于木星，它周围有许多大大小小的卫星环绕着，已确认的卫星有62颗。

土卫九是距离土星最远的一颗卫星，也是土星系内唯一的逆行卫星，它是不规则卫星。

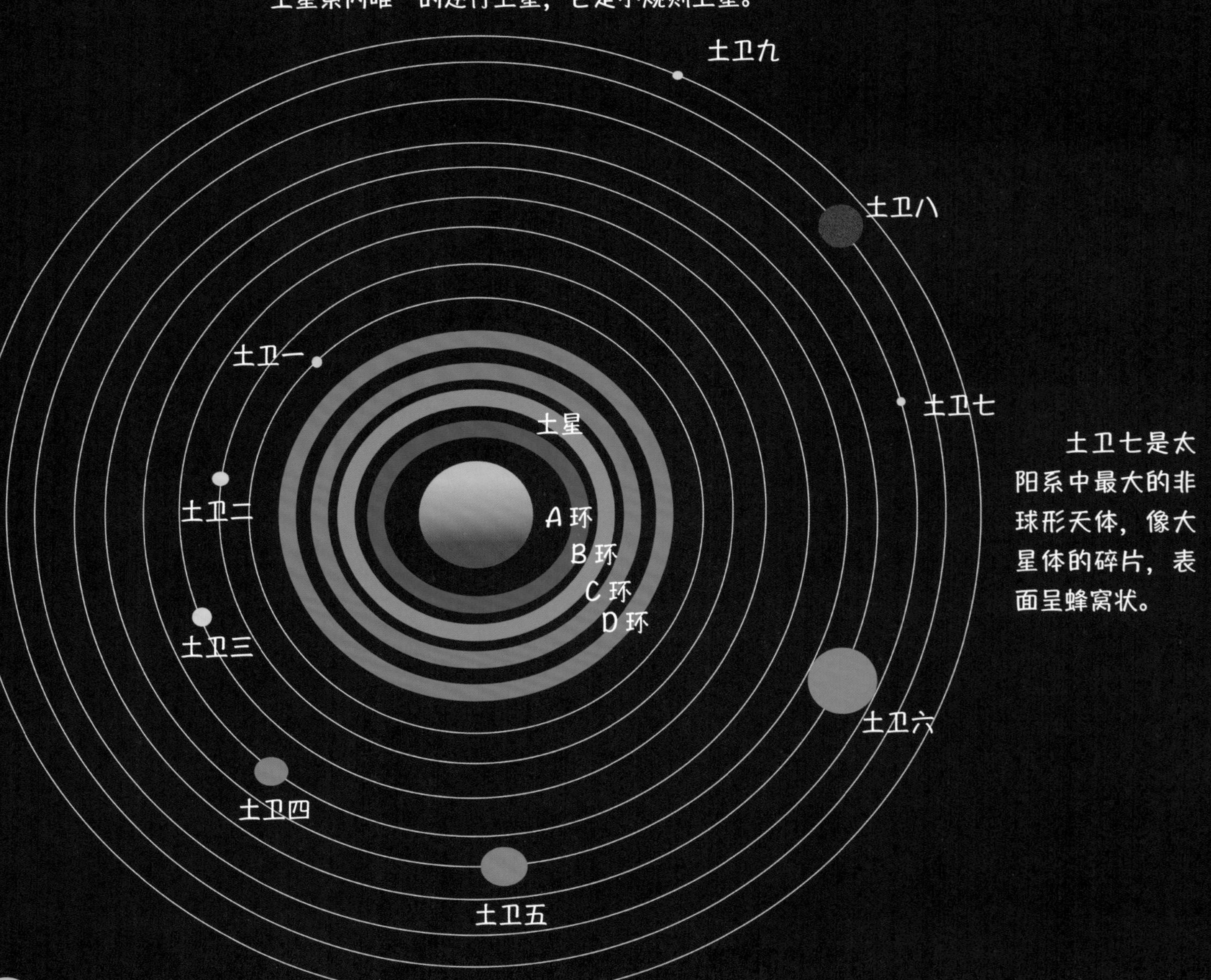

土卫七是太阳系中最大的非球形天体，像大星体的碎片，表面呈蜂窝状。

土卫六

土卫六是土星卫星中最大的一个，也是太阳系中唯一拥有浓厚大气层的卫星。

土卫五

土卫五由冰所构成，是土星第二大卫星、太阳系中第九大卫星，其表面有明显的坑洞。

土卫八

土卫八是土星第三大卫星，也是唯一可以清楚看到土星环的大卫星。它最显著的特征是有一个较亮的半球面和一个较暗的半球面。

土卫四

土卫四主要由冰组成，内部含有许多硅酸盐岩石。正面有较多的撞击坑，反面比较暗。

土卫三

土卫三由冰所构成，表面有许多冰裂缝。其地形主要有坑洞和火山带两种，表面还有一个巨大的伊萨卡峡谷。

土卫二

土卫二由冰构成，轨道位于土星 E 环最稠密的部分，与 E 环相互影响，其南极冲天的冰喷泉是 E 环主要的物质来源，并被认为可能存在生命。

天王星

天王星是太阳系由内往外排列的第七颗行星，也是太阳系第三大行星。

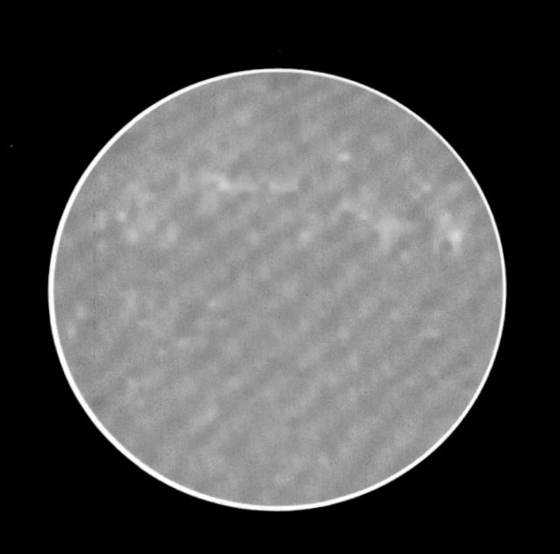

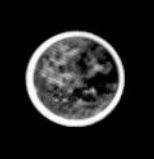
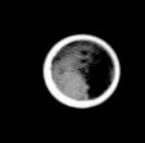
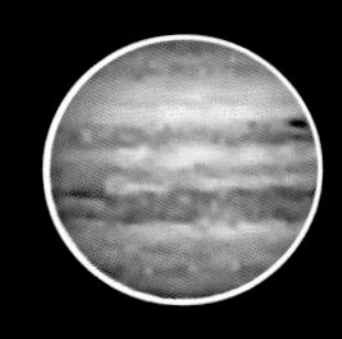
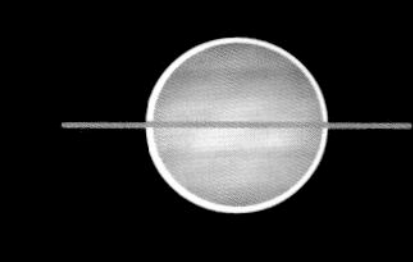
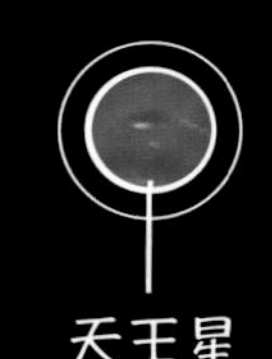

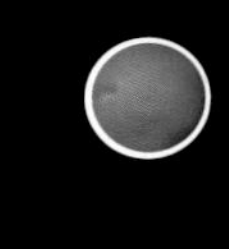

天王星档案

直径：51118 km

质量：8.6810×10^{25}kg

表面温度：－197.2℃

公转周期：84.32 地球年

自转周期：17 时 14 分 24 秒

卫星数量：27

分类：冰巨星

在天王星上看太阳是从西边升起、东边落下的，与我们在地球上看到的太阳升落方向相反。

躺着旋转

天王星自转轴的倾斜角度为 98°，几乎是躺在赤道平面上的。这也使得天王星的季节变化异于其他行星，若以日出日落为一天计算，天王星上的一天相当于地球上的一年。

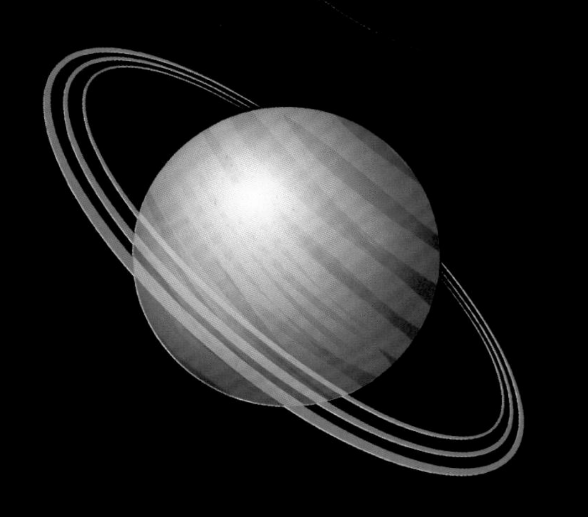

天王星结构

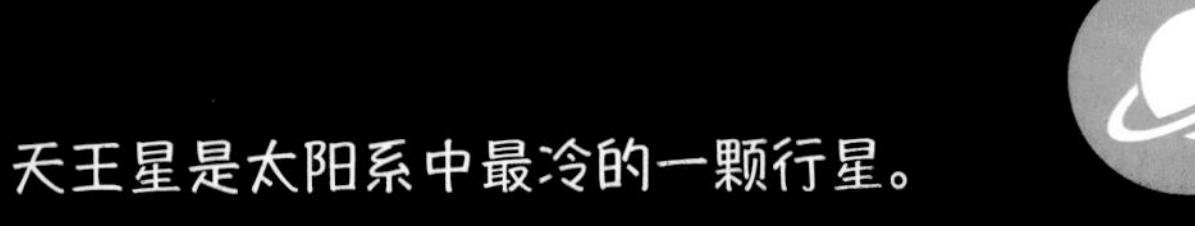

天王星是太阳系中最冷的一颗行星。

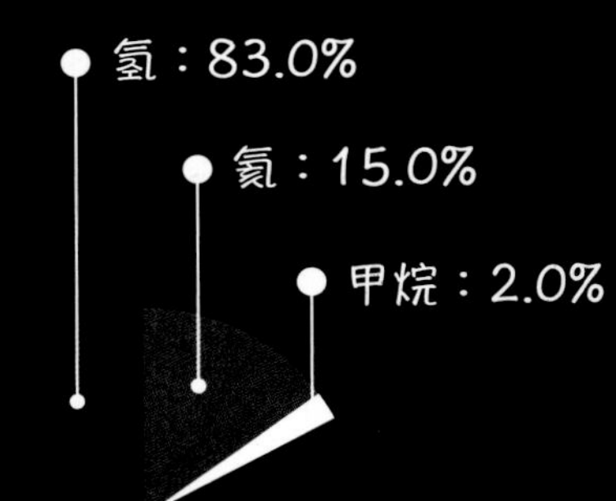

天王星大气层构成

天王星的卫星

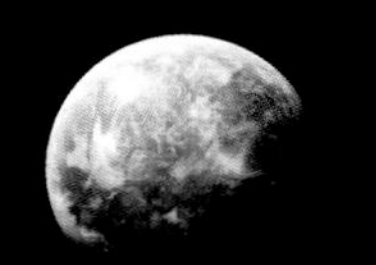

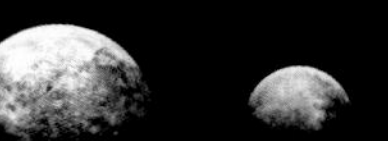

天卫三　天卫四　天卫二　天卫一　天卫五

天卫三：天卫三是天王星最大的卫星，表面覆盖着火山灰，有长达数千千米的风力强劲的大峡谷。

天卫四：天卫四是距离天王星最远的大卫星，表面呈暗红色。

天卫二：天卫二由冰和岩石混合而成，主要地形是剧烈起伏的火山口。

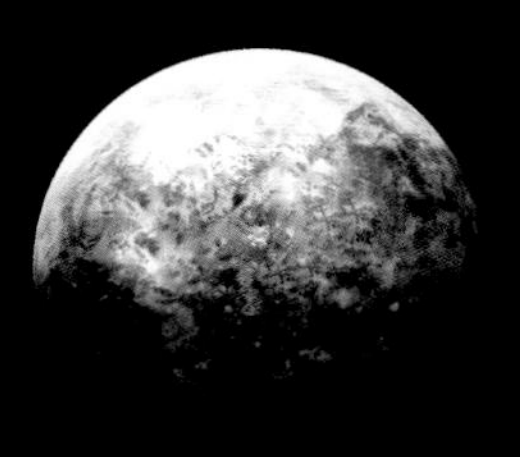

天卫一：天卫一是天王星最明亮的卫星。

天卫五：天卫五是最靠近天王星的大卫星。

海王星是太阳系八大行星中距离太阳最远的一颗行

接收到的太阳光和热量比地球少 900 倍。

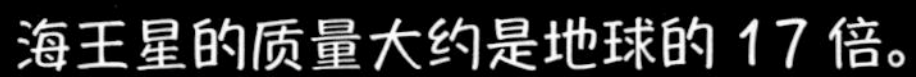

海王星档案

直径：49532km

质量：1.0247×10^{26}kg

表面温度：-214℃

公转周期：60327.624 天

自转周期：15 时 57 分 59 秒

卫星数量：14

分类：冰巨星

海王星的质量大约是地球的 17 倍。

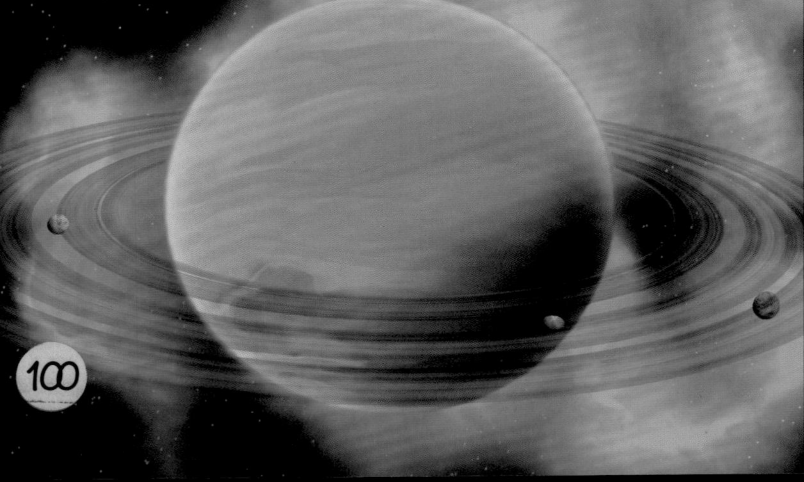

光环

海王星有 6 个狭窄昏暗的光环，

球上只能观测到比较模糊暗淡的圆弧。

海王星结构

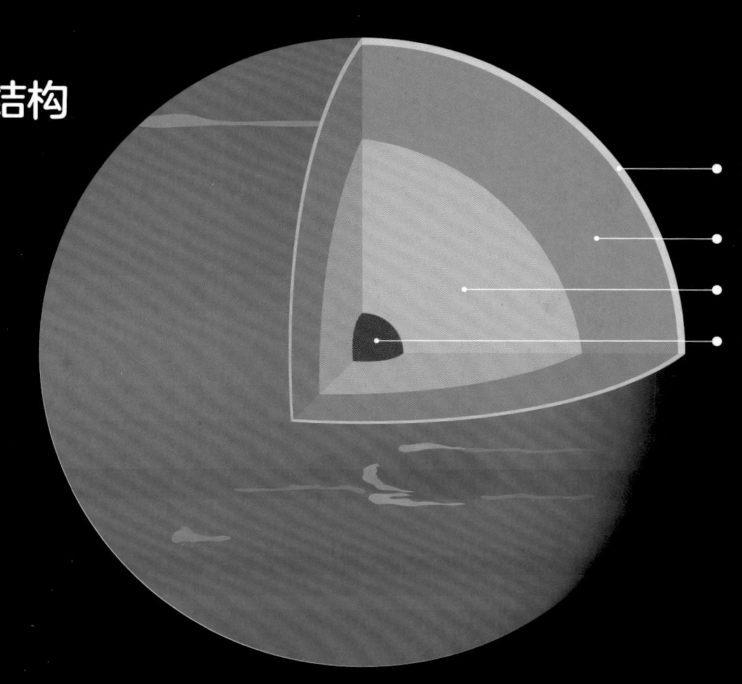

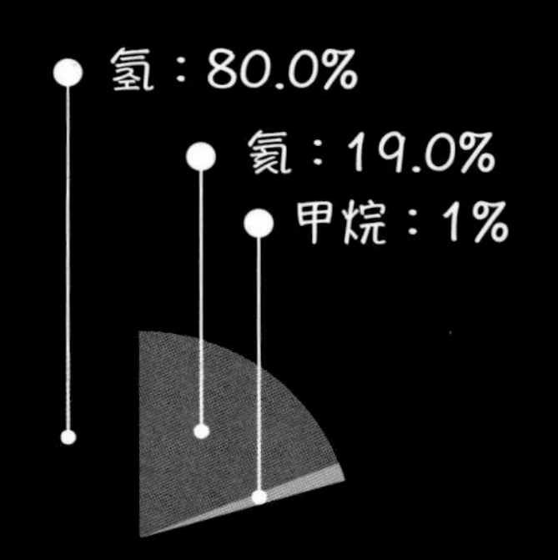

海王星大气层构成

海王星的卫星

在海王星已知的 14 颗天然卫星中，只有海卫一是一个球体，其余卫星均为不规则形状。

海卫一

海卫二

海王星

海卫七

海卫八

海卫一是海王星最大的卫星，也是太阳系中最冷的天体之一，表面温度为 -235℃。

海卫八是海王星的第二大卫星，是太阳系内最暗的天体之一，表面遍布陨石坑。

冥王星

冥王星是柯伊伯带中的一颗矮行星，也是第一颗被发现的柯伊伯带天体。

冥王星的发现

美国天文学家帕西瓦尔·罗威尔根据海王星的运动轨道，计算出冥王星的可能位置，最后冥王星于1930年被克莱德·威廉·汤博发现。

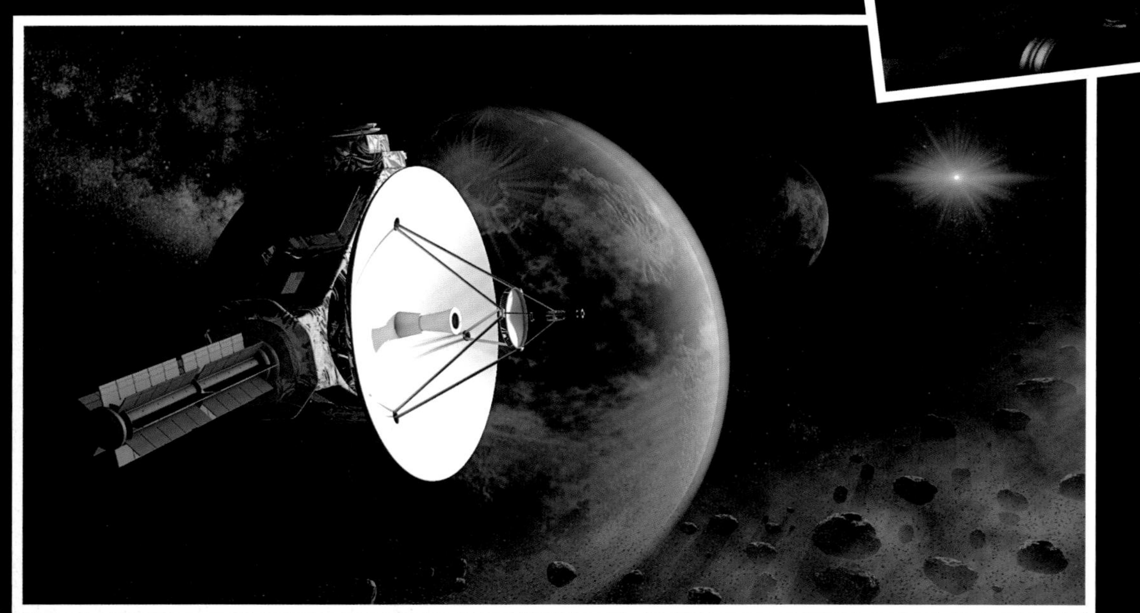

2015年7月，美国宇航局发射新视野号探测器，是人类首颗造访冥王星的探测器。

冥王星档案

直径：2370km

质量：1.473×10^{22}kg

表面温度：-229℃

公转周期：247.68 地球年

自转周期：6.4 天

卫星数量：5

分类：矮行星

柯伊伯带

柯伊伯带是一个天体密集、位于海王星轨道外黄道面附近的中空圆盘状区域，它是球形的，冥王星就位于其中。

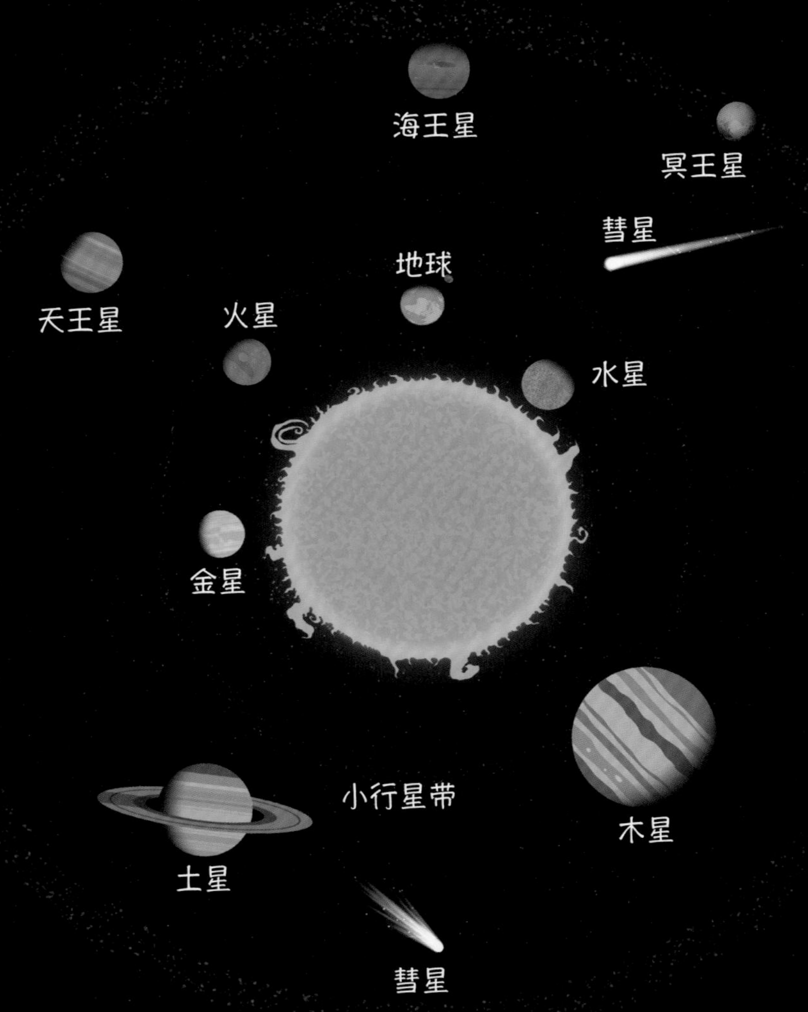

柯伊伯带

冥王星的卫星

冥王星有 5 个卫星，分别为冥卫一、冥卫二、冥卫三、冥卫四、冥卫五。其中，冥卫一又叫卡戎，它是冥王星最大的卫星。

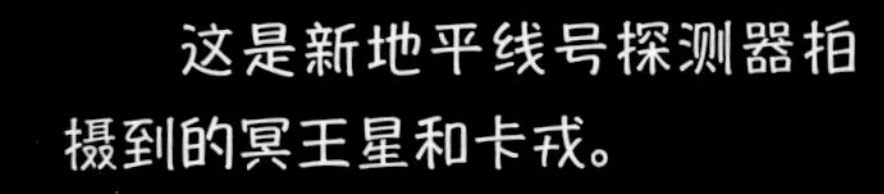

这是新地平线号探测器拍摄到的冥王星和卡戎。

矮行星

矮行星也被称为侏儒行星，它形状近似圆球，围绕恒星运动。

行星分类

根据不同的划分标准，行星可以分成不同的种类。

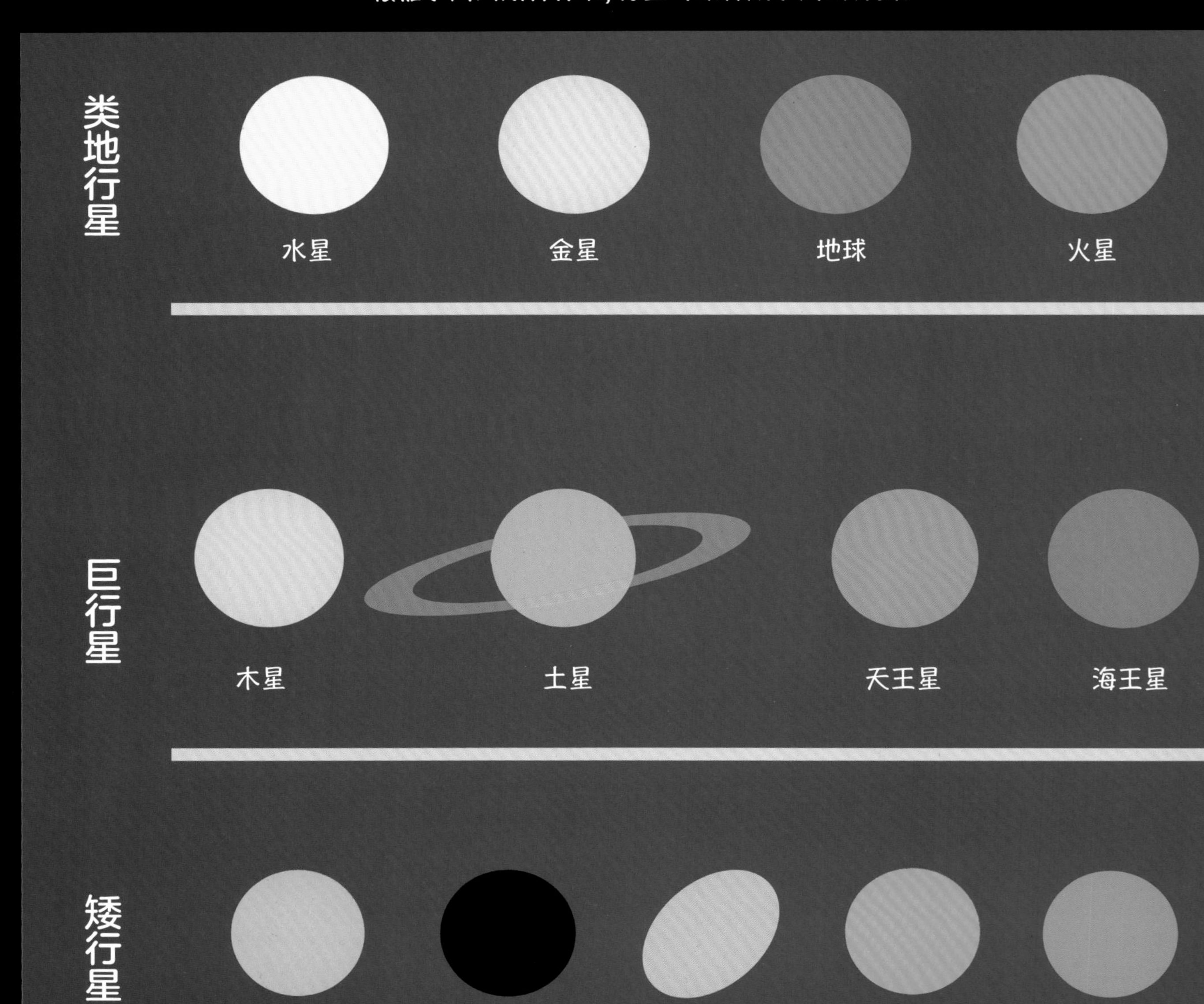

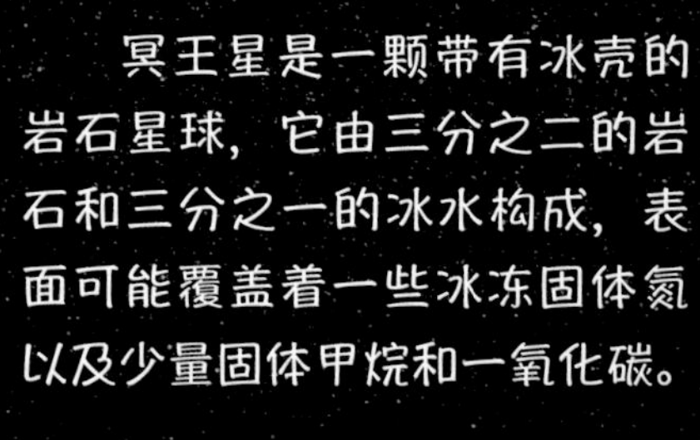

冥王星是一颗带有冰壳的岩石星球，它由三分之二的岩石和三分之一的冰水构成，表面可能覆盖着一些冰冻固体氮以及少量固体甲烷和一氧化碳。

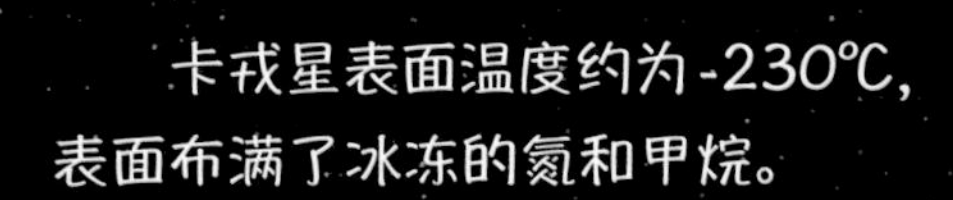

卡戎星表面温度约为-230℃，表面布满了冰冻的氮和甲烷。

阋神星

阋神星被发现于2005年1月5日，是柯伊伯带及海王星外天体中第二大的矮行星。

谷神星

谷神星是太阳系中最小的矮行星，它位于小行星带中。

妊神星

妊神星的形状十分特殊，呈椭圆球形。妊神星的质量是冥王星的三分之一，它是太阳系中的第四大矮行星。

鸟神星

鸟神星是太阳系内已知的第三大矮行星。

地球和月球

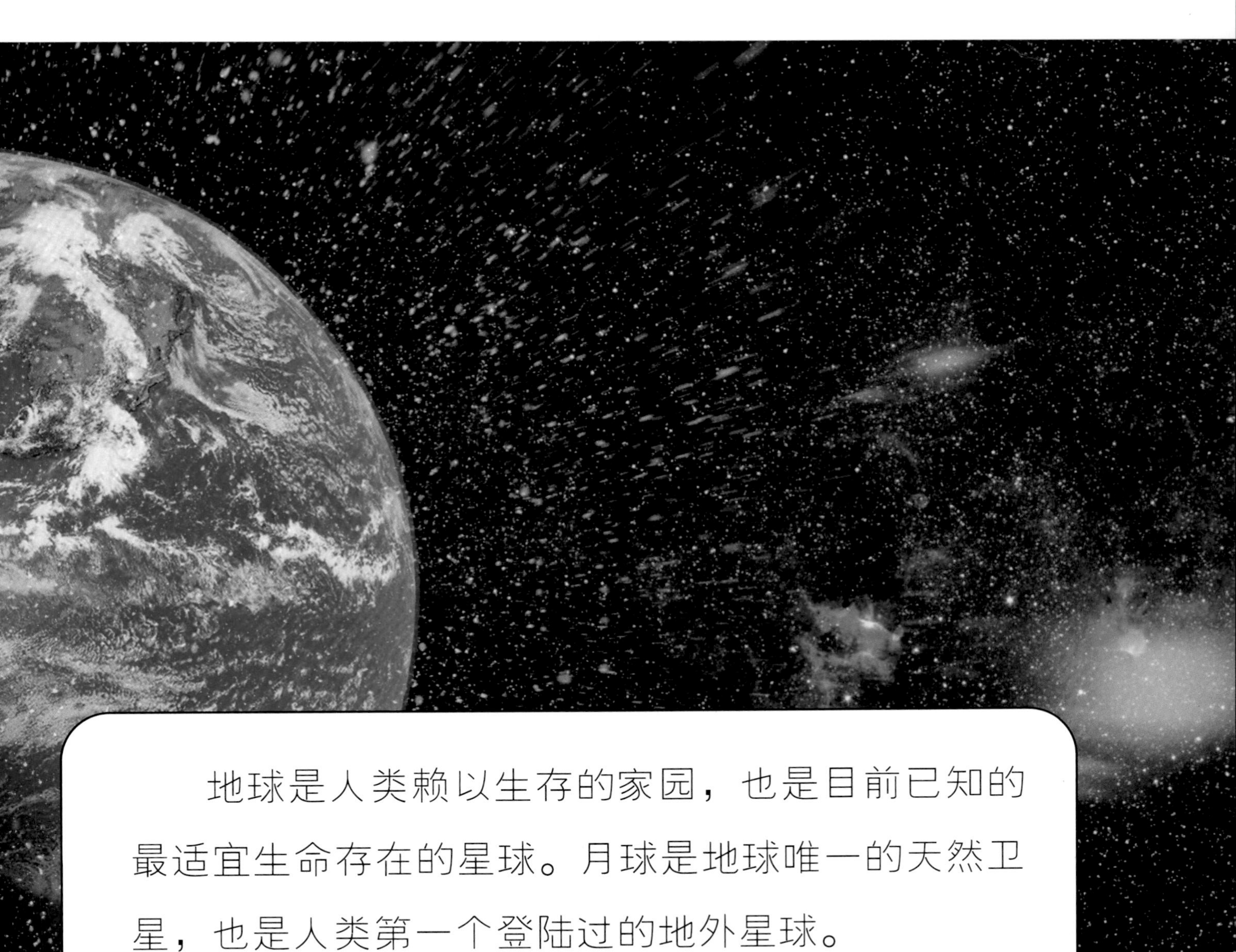

地球是人类赖以生存的家园，也是目前已知的最适宜生命存在的星球。月球是地球唯一的天然卫星，也是人类第一个登陆过的地外星球。

地球

在宇宙中，地球是目前已知的唯一有生命存在的天体，它是太阳系中直径最大的类地行星。

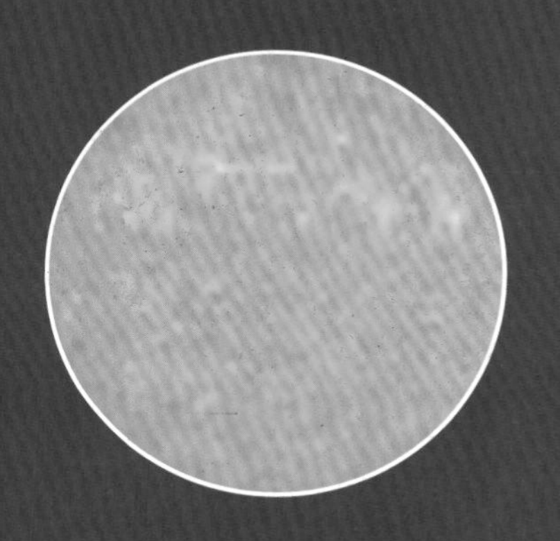

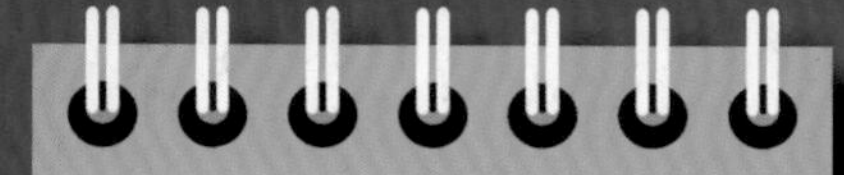

地球档案

直径：12756.3km

质量：5.965×10^{24}kg

表面平均温度：15℃

自转周期：24 小时

公转周期：365.2 天

卫星：月球

分类：行星

地球也被称为水球，它面积的四分之三都被水所覆盖。从太空中看地球就像是一个蓝色的球体。

地球已经诞生 46 亿年了。

形状

地球并不是一个规则的球体，而是中间鼓两极略扁的椭圆球体，也可以被称为“梨形体”。

地球的最高处与最低处

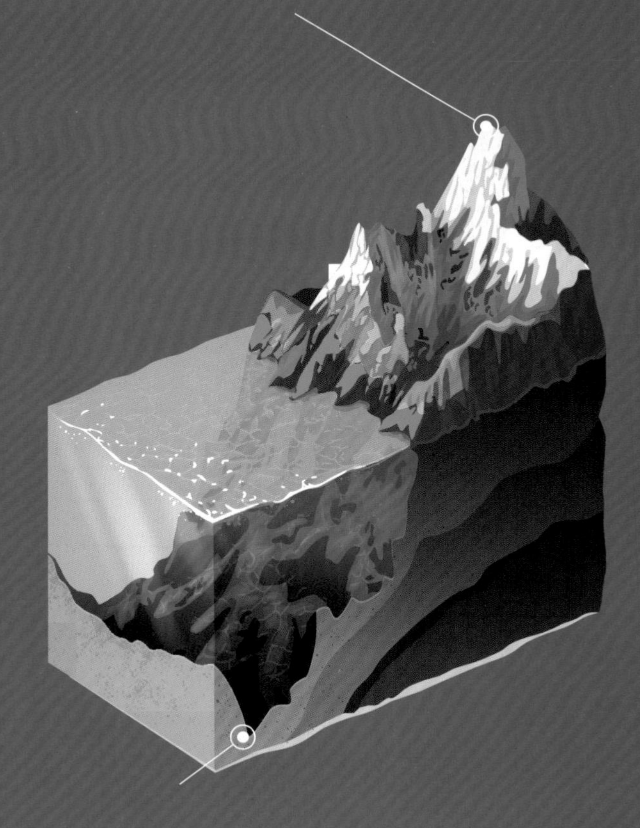

珠穆朗玛峰是地球上的最高点。

马里亚纳海沟：马里亚纳海沟的最深处是 11034 米的斐查兹海渊，也是地球的最深点。

完美的地球

地球与太阳之间的距离适中，温度适宜，还存在大量的液态水，它是太阳系中唯一适宜生物生存的星球。

地球的诞生

从古至今，地球的诞生一直都是人类十分关心的问题，科学家们探索地球的步伐也从未停止。

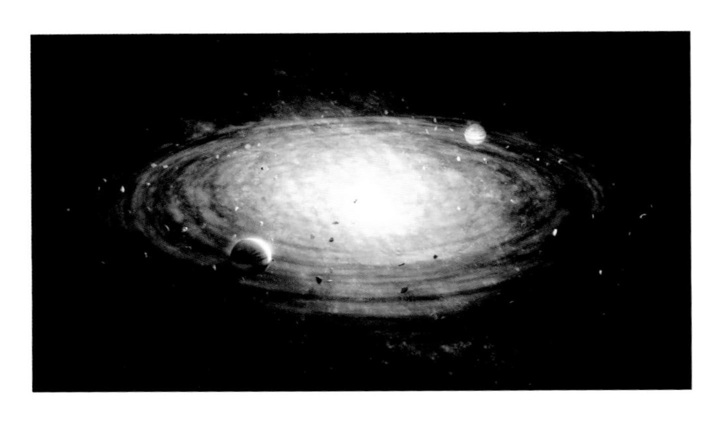

大约46亿年前，太阳系开始形成。它是在巨大的分子云碎片的引力塌陷过程中产生的。

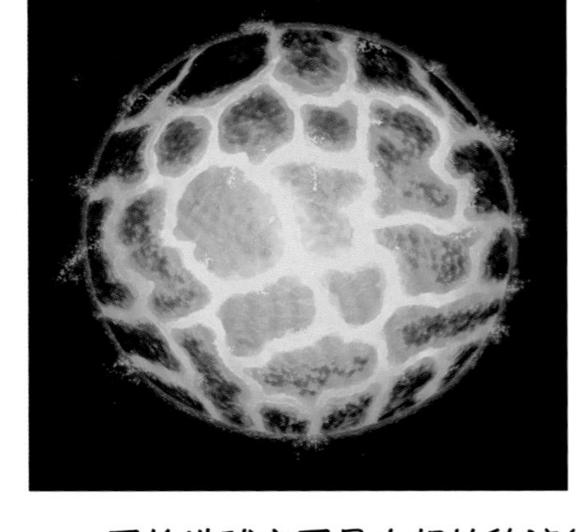

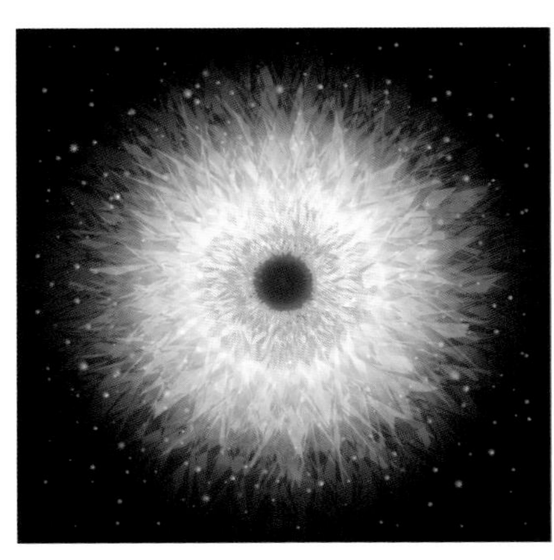

原始太阳星云分裂出的星云团块在不断运动、碰撞，逐渐形成原始地球。

原始地球主要是由炽热的液体物质组成的，地壳在冷却过程中不断受到地球内部运动的冲击，引发了火山、地震等。

地壳在冷却定型后，形成了高山、平原、盆地等高低不平的地形。

随着大气中的水蒸气不断增多，越来越多的水蒸气凝结成小水滴，在空气的对流作用下变成雨落入地表，最后各种水体不断汇集形成原始海洋。

高温岩浆不断释放的水蒸气、二氧化碳等气体形成了早期的大气层。

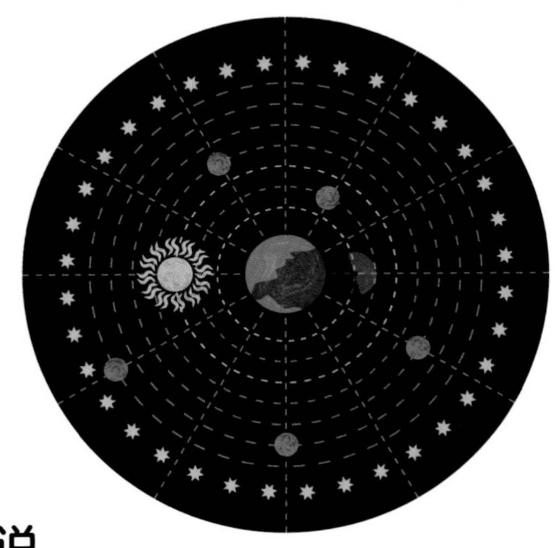

日心说

“日心说”是与“地心说”相对立的学说，它认为太阳是宇宙的中心。波兰科学家尼古拉·哥白尼是“日心说”的重要倡导者。

地心说

在最初对地球的探索中，科学家们坚持“地心说”的观点，认为地球是处于宇宙的中心静止不动的，其他星球围绕着地球运动。

地球的结构

地球结构可分为内部结构和外部结构两部分。

内部结构

地球的内部结构为同心状的圈层构造，由内到外依次为地核、地幔、地壳。

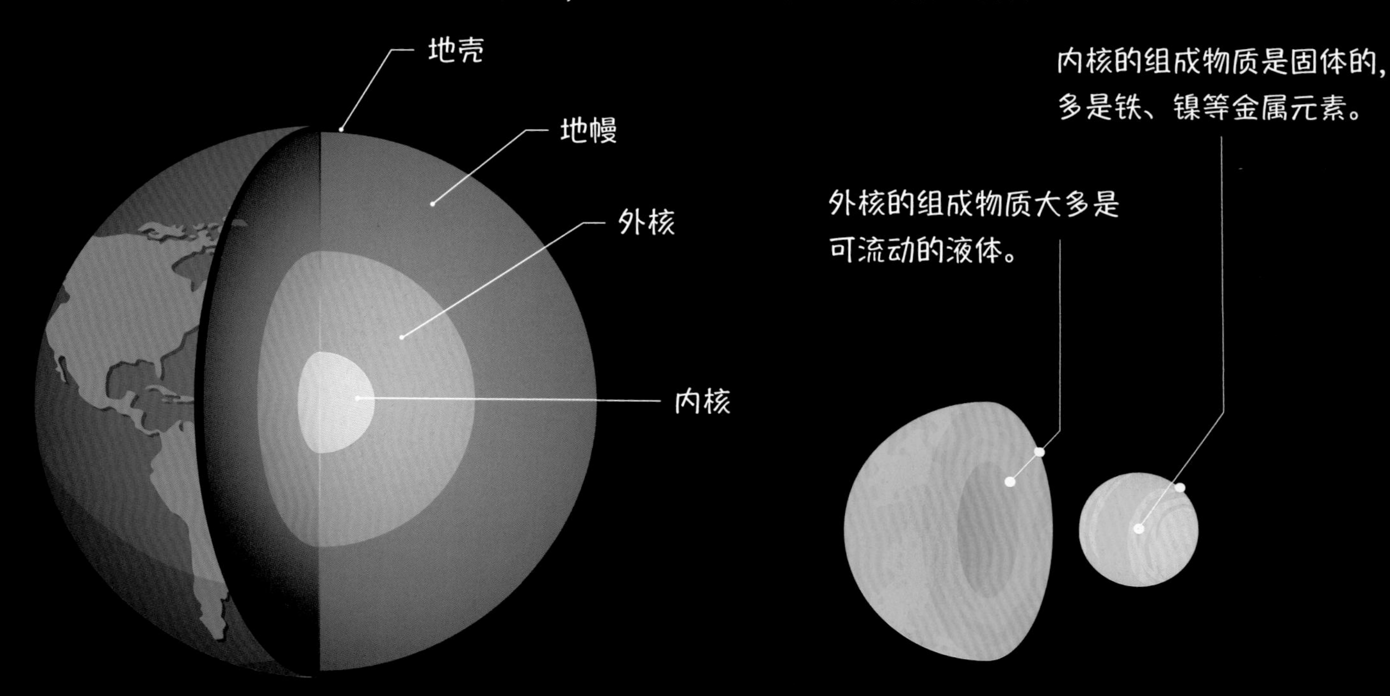

地壳
地幔
外核
内核
内核的组成物质是固体的，多是铁、镍等金属元素。
外核的组成物质大多是可流动的液体。

地壳是地球的表层，也是地球上大多数生命生存和活动的场所。

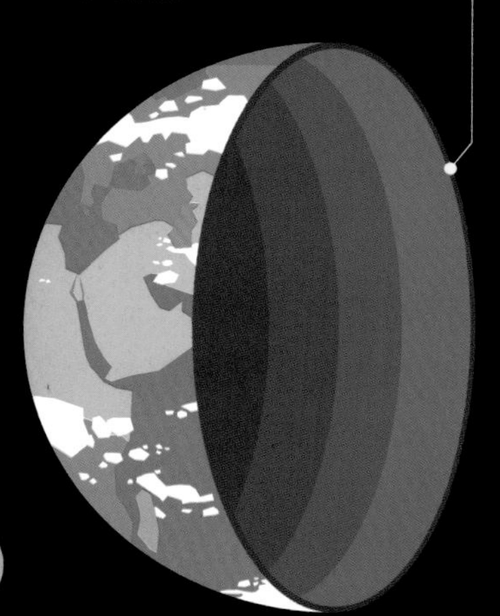

上地幔距离地表 33 千米，主要是由橄榄岩构成的。它的厚度大约为 600 千米。

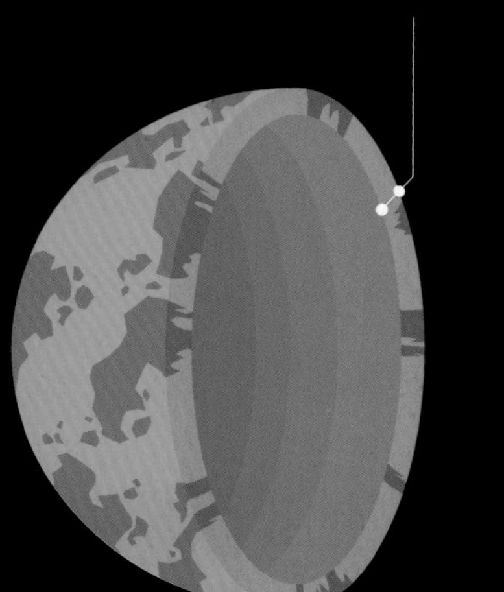

下地幔距离地表大约 1000 千米，它的厚度约为 2250 千米。

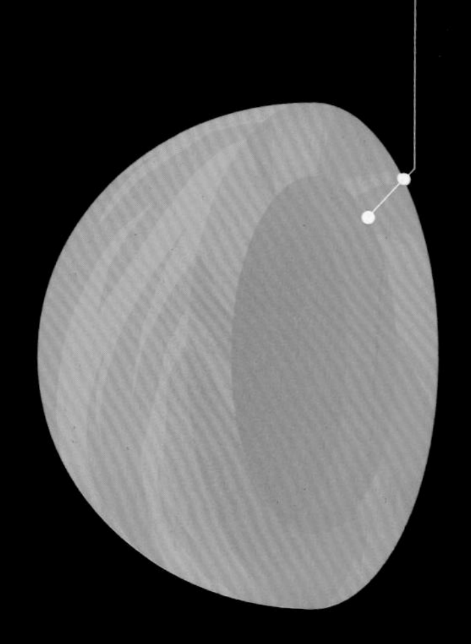

岩石圈

岩石圈包括全部的地壳和上地幔的顶部，它的下面叫作软流圈。

外部结构

地球的外圈可以分为大气圈、水圈和生物圈这三个圈层。

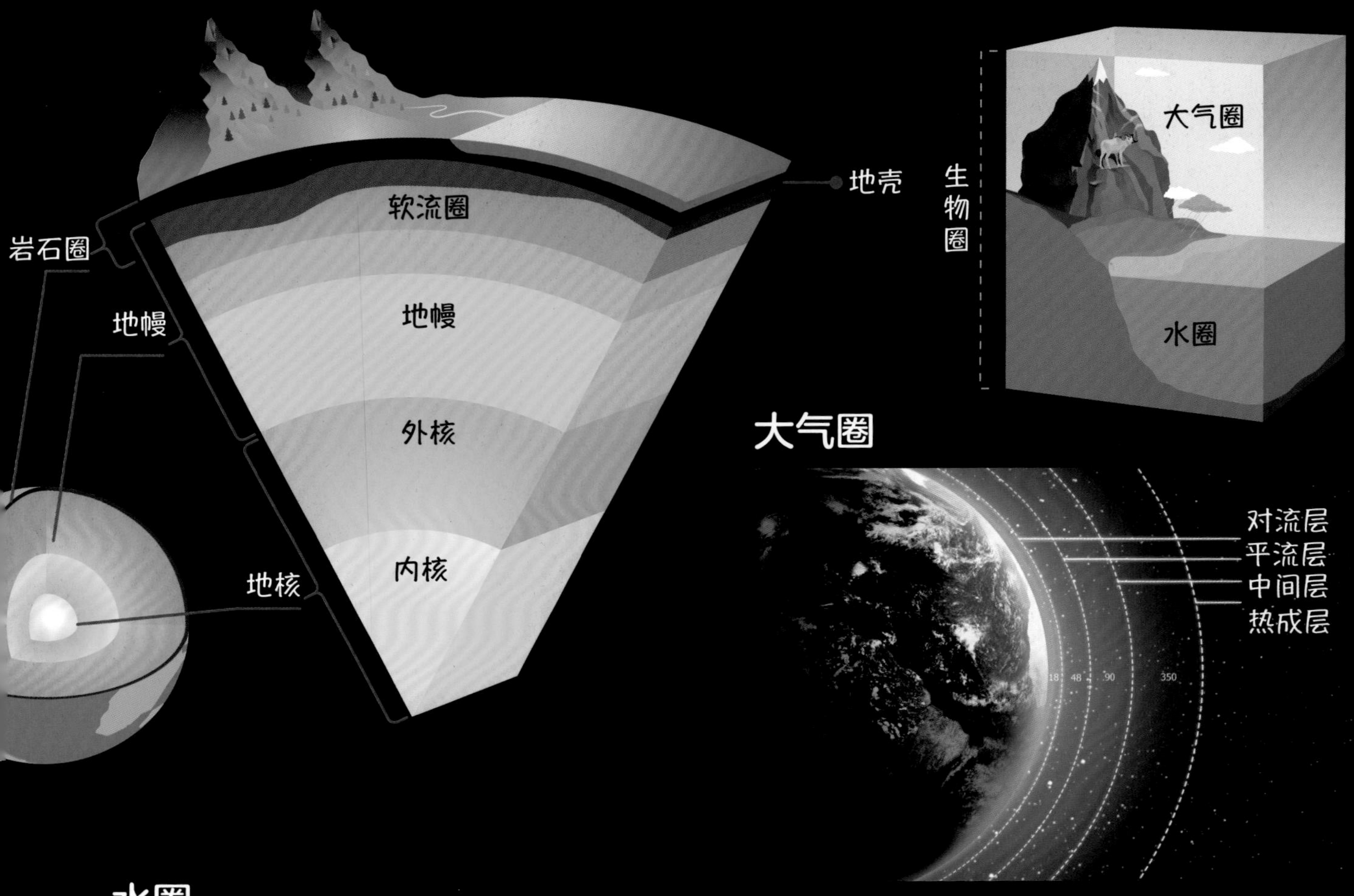

大气圈

水圈

水圈是一个由地球上的液态、气态和固态的水形成的圈层，这个圈层几乎是连续的，但不规则。

生物圈

生物圈是指地球上所有生物和其生活环境的总和，是地球上最大的生命系统和生态系统。

大气层

大气层是一层围绕地球的混合气体，是位于地球最外部的气体圈层。

大气层由下向上分别为对流层、平流层、中间层、热层和逃逸层。

热层，人造卫星飞行的最低轨道在热层内。

平流层

臭氧层

对流层，地球上空的大气大约有四分之三都在对流层之内。

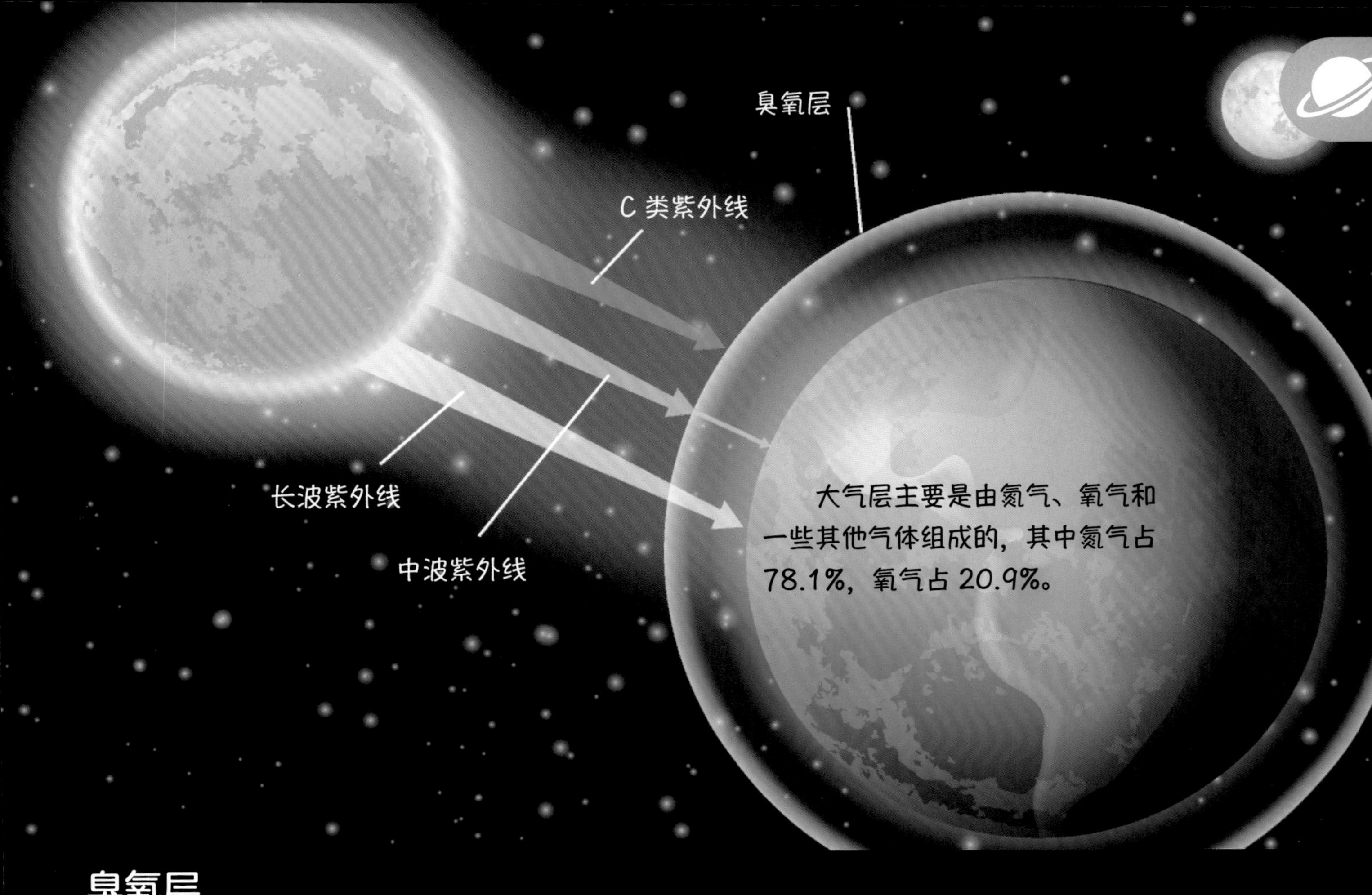
臭氧层
C 类紫外线
长波紫外线
中波紫外线
大气层主要是由氮气、氧气和一些其他气体组成的，其中氮气占78.1%，氧气占 20.9%。

臭氧层

臭氧是大气中的氧通过紫外线的光合作用生成的，自然界中的臭氧多分布在地面以上的 20 千米至 50 千米处，此处被称为臭氧层。臭氧层像一道屏障保护着地球上的生物免受太阳紫外线的辐射。

臭氧层空洞

由于人类大量使用氯氟烷烃化学物质，对臭氧层造成了严重破坏，导致出现了臭氧层空洞。

由于大气主要散射的颜色是蓝色，所以天空看起来是蓝色的。

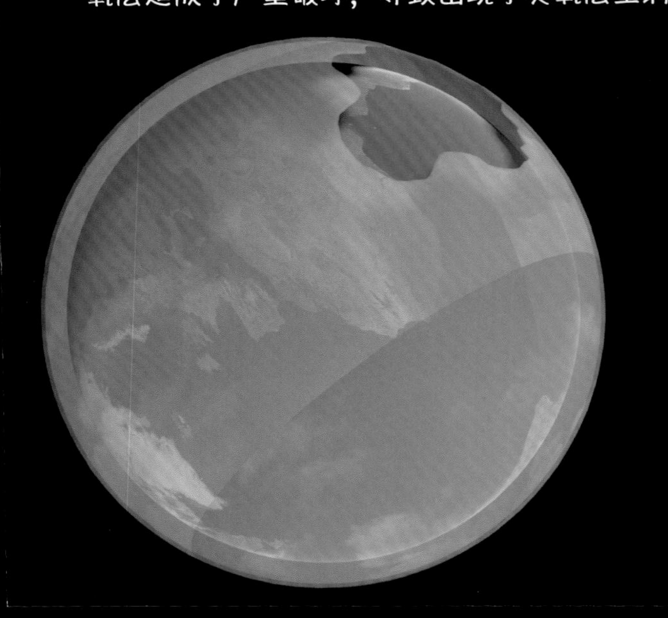

地球自转

自转是地球的一种重要运动方式，它自转一周大概需要23小时56分。

从北极点上空看，地球自转是逆时针旋转的。

自转方向

地球自转的方向是自西向东。

从南极点上空看，地球自转是顺时针旋转的。

星轨

星轨是地球自转的反射，是一种光学现象。

昼夜交替

地球的自转运动是昼夜交替现象出现的原因。

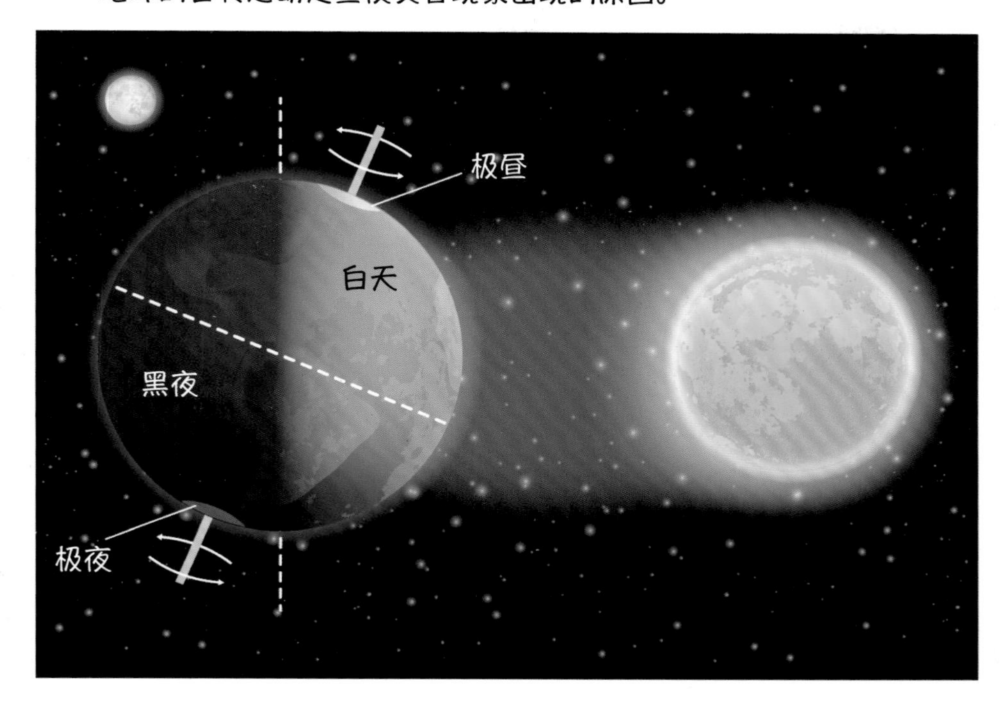

地球是一个既不发光也不透明的球体，自转时，向着太阳的区域处于白天，其余区域处于黑夜。

太阳辐射的周期性变化

地球上接收到的太阳热量也受地球倾斜自转的影响，朝向太阳的一面接收热量多，是夏季；背向太阳的一面接收热量少，是冬季。

极昼

北半球夏季时，位于北极圈内的挪威北部和美国的阿拉斯加地区的太阳在夜间不会降落到地平线以下。

地球公转

地球是按照一定的轨道围绕太阳转动的，这就是地球的公转运动。

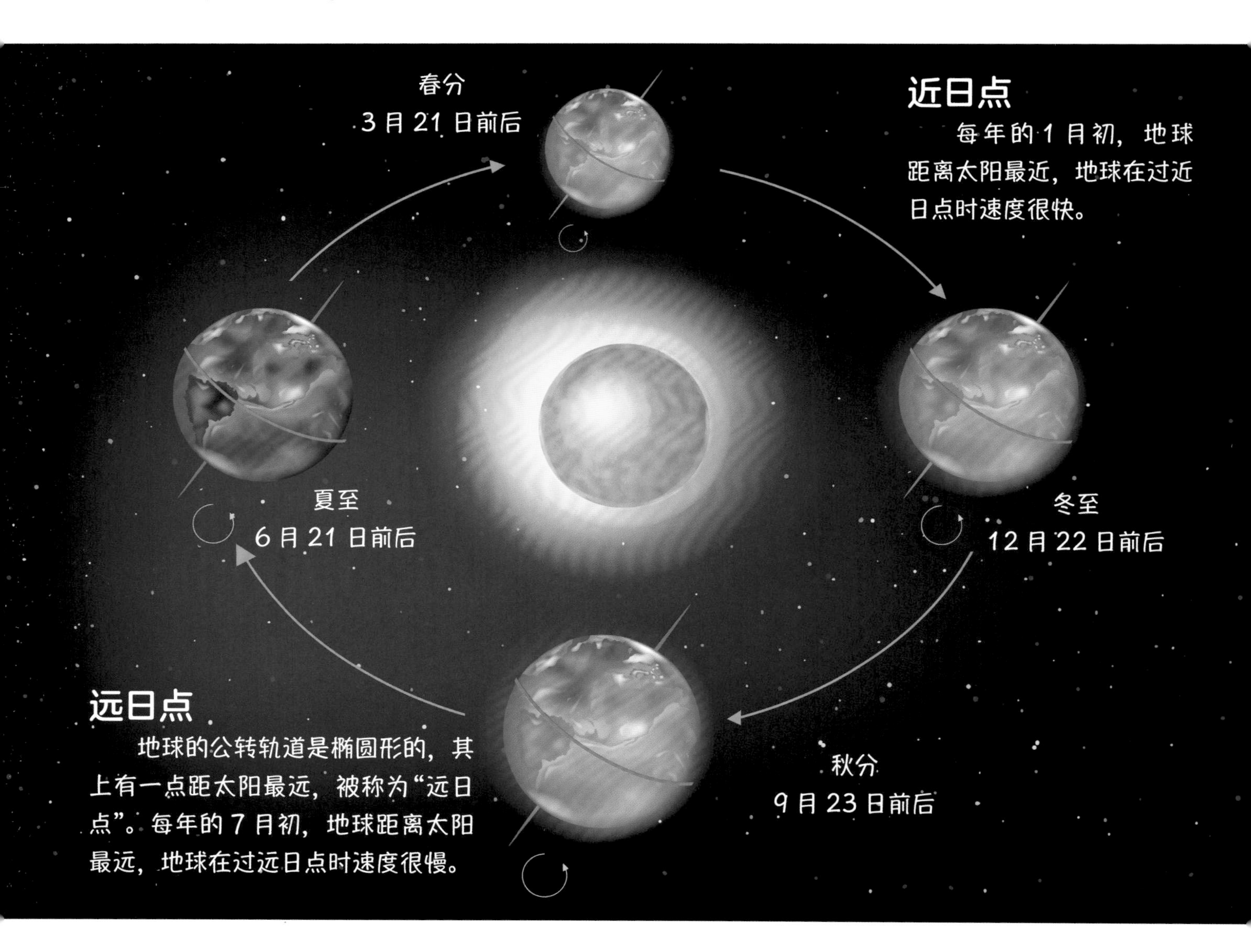

春分
3月21日前后
近日点
每年的1月初，地球距离太阳最近，地球在过近日点时速度很快。
夏至
6月21日前后
冬至
12月22日前后
远日点
地球的公转轨道是椭圆形的，其上有一点距太阳最远，被称为“远日点”。每年的7月初，地球距离太阳最远，地球在过远日点时速度很慢。
秋分
9月23日前后

你知道吗？

地球绕太阳一周需要 365 天 6 小时 9 分 10 秒，也就是大约一年的时间。

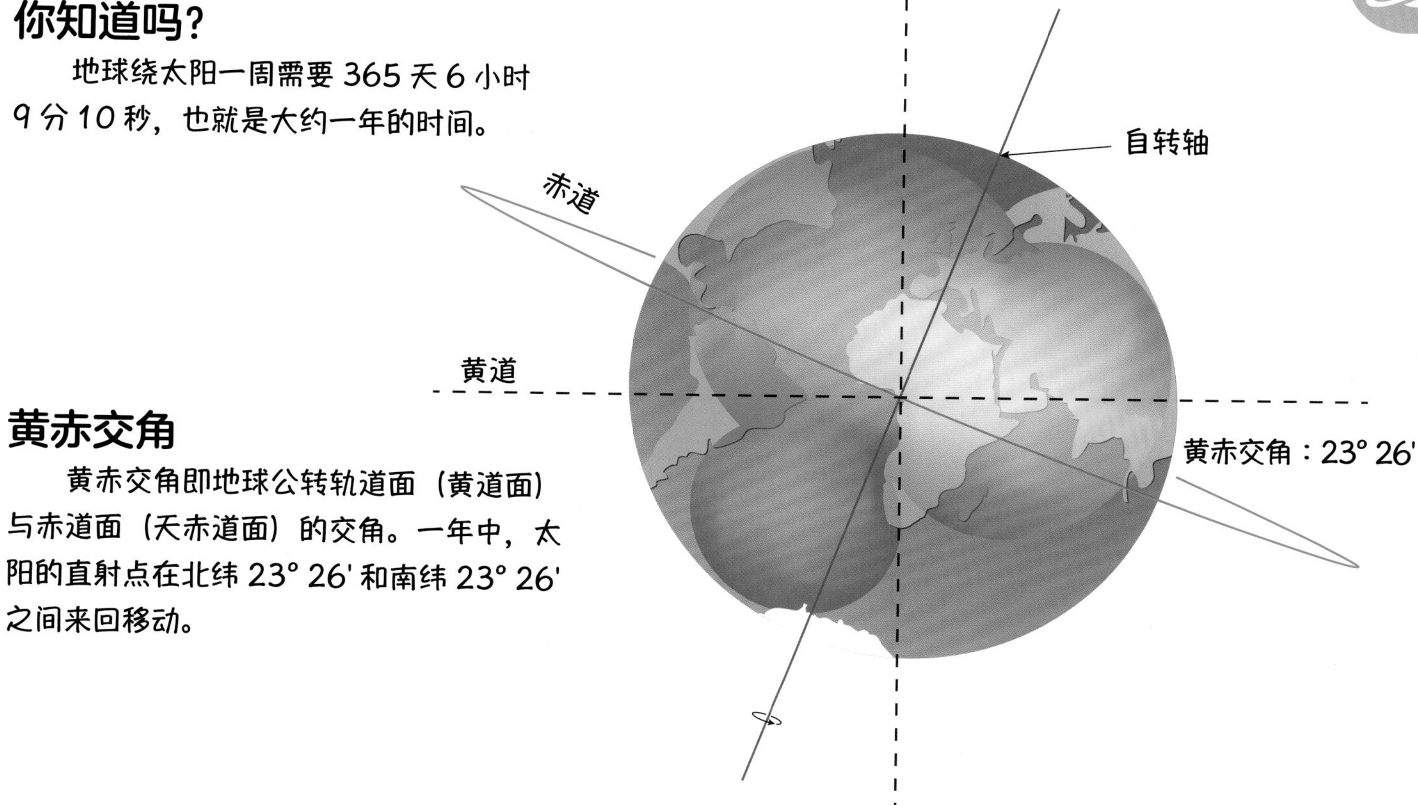

黄赤交角

黄赤交角即地球公转轨道面（黄道面）与赤道面（天赤道面）的交角。一年中，太阳的直射点在北纬 23° 26' 和南纬 23° 26' 之间来回移动。

四季的变换

根据地球围绕太阳运动的轨道位置不同，划分出一年中交替出现的春夏秋冬四个季节。

春

春天万物复苏，冰雪消融。

夏

夏天的树木郁郁葱葱。

秋

秋天是树叶变黄凋零的季节，也是农民伯伯收获的季节。

冬

冬天气温较低，光秃秃的树木也在为新一年的生长储存能量。

地球简史

地球起源说认为，地球是一个巨大的熔融体，并一直处于由热变冷的过程中。地球是在不断演化的，其演化过程可以分为冥古宙、太古宙、元古宙和显生宙四个大的发展阶段。

冥古宙

冥古宙始于 46 亿年前地球形成之初，结束于 38 亿年前。这一阶段，地球从炽热的岩浆球逐渐冷却固化，出现了原始海洋、大气与陆地。

冥古宙时期的地球像一个巨大的岩浆球，火山爆发频繁，地表覆盖着熔化的岩浆海洋。

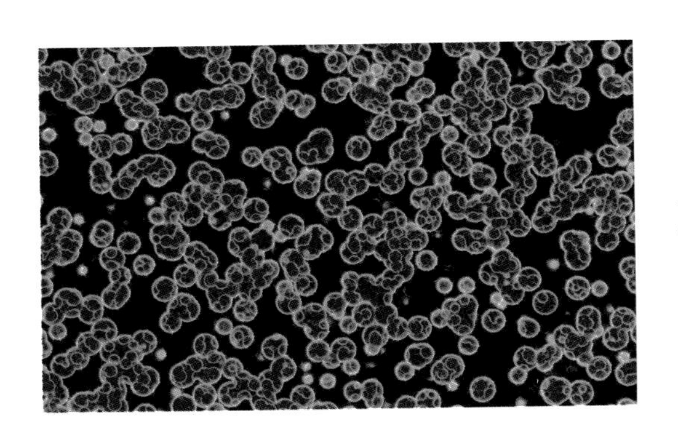

太古宙

38.4 亿年前，地球岩石开始稳定，进入太古宙阶段。这一阶段是原始生命出现及生物演化的初级阶段，只有数量不多的原核生物，如细菌和低等蓝藻。

元古宙

25 亿年前，地球进入元古宙时期。这一阶段为生物发展和演化准备了物质条件。

显生宙

约 5.7 亿年前，生物开始显现出来，故称显生宙。显生宙分为古生代、中生代和新生代。

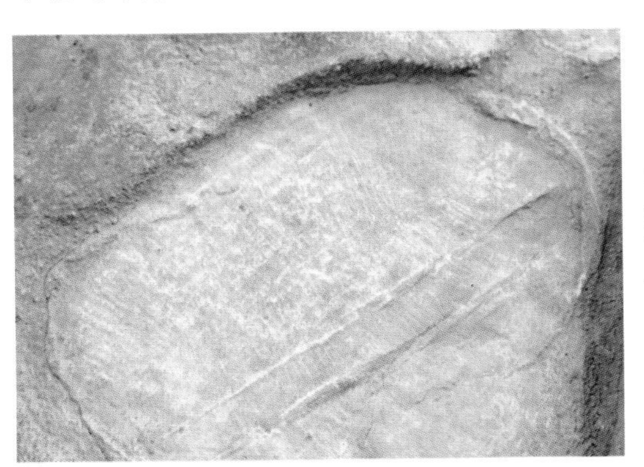

“埃迪卡拉动物群”是在澳大利亚南部的埃迪卡拉地区发现的低等无脊椎动物化石群。

泥盆纪双翼龙鱼

地球上的生命

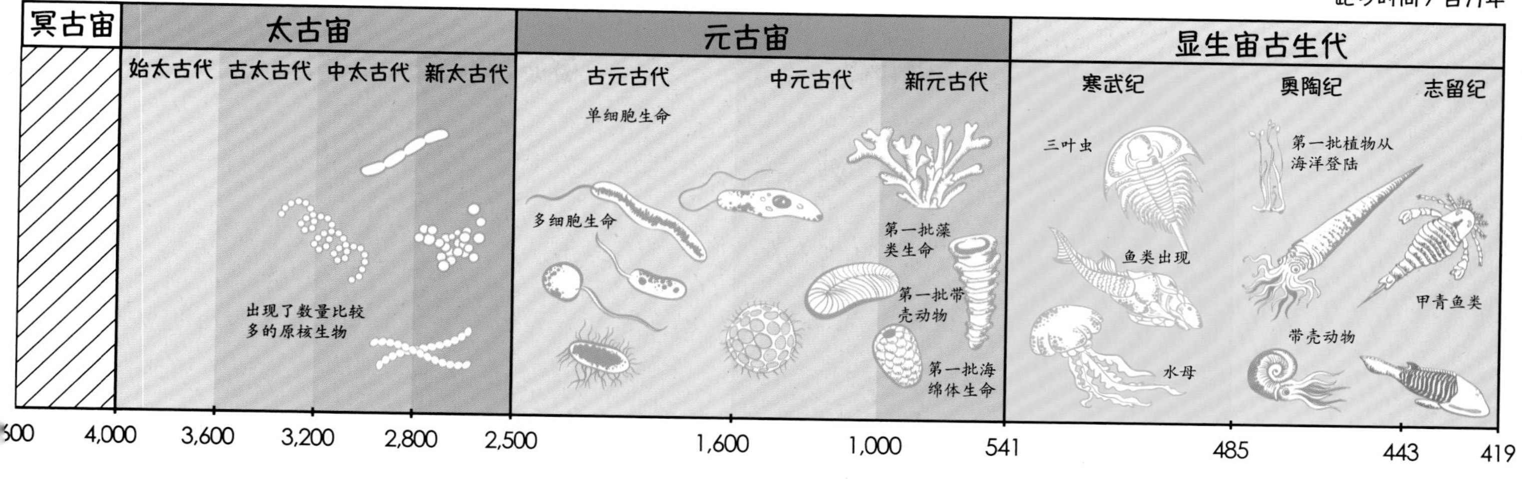

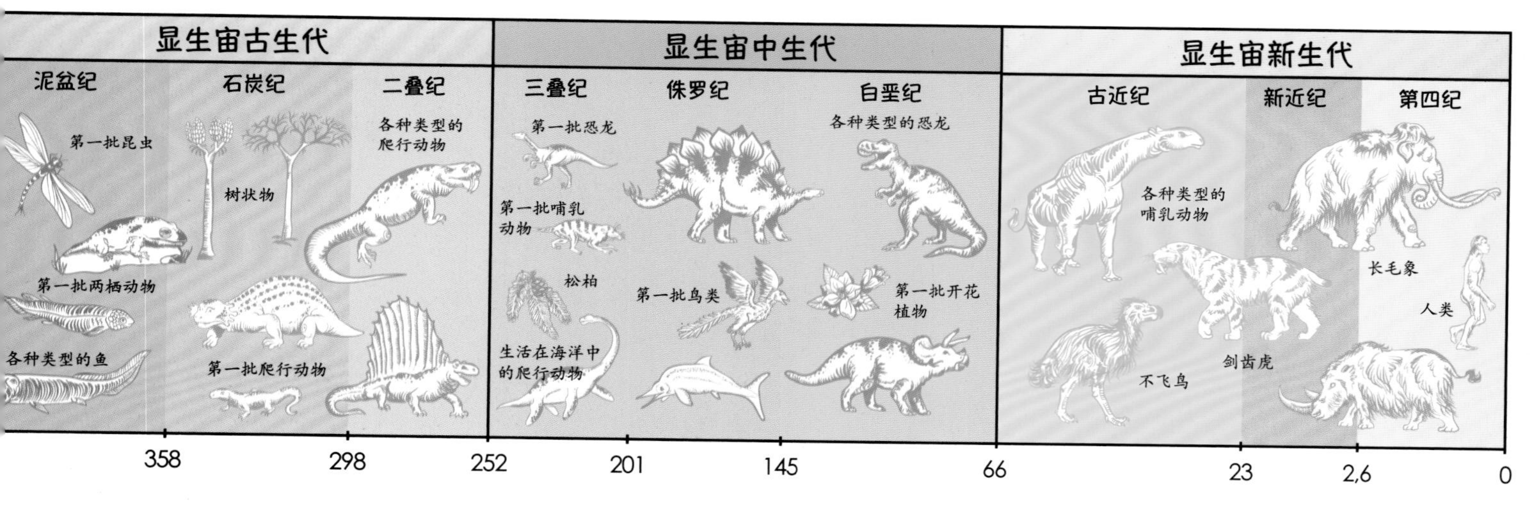

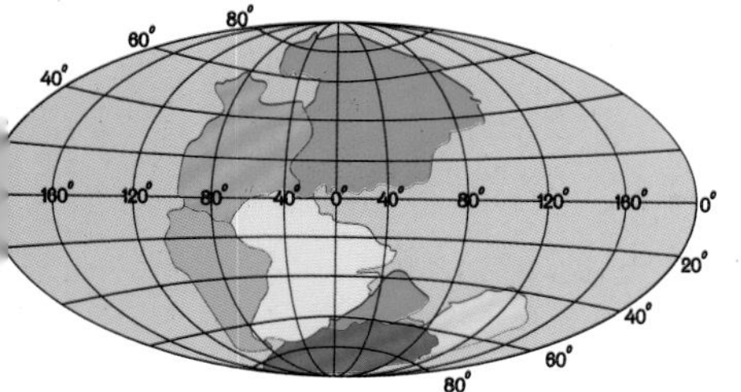

2.5 亿年前的地球

2 亿年前的地球

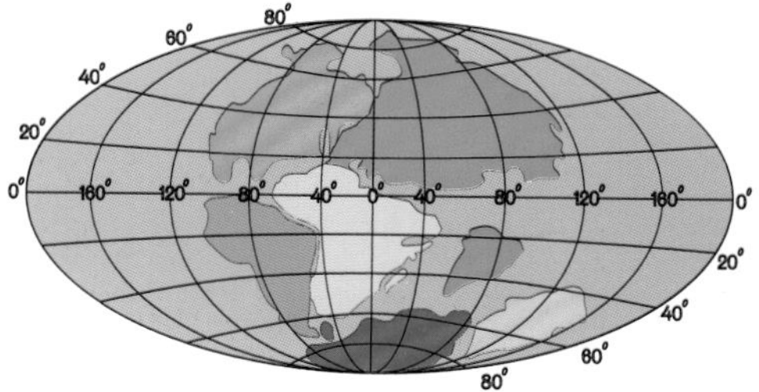

1.45 亿年前的地球

大陆漂移

科学家认为，很久很久以前，地球上的陆地并没有被大洋分开，整体是一个巨大的陆地块。随着地质活动的发生才被分裂，并分布在大洋之间。

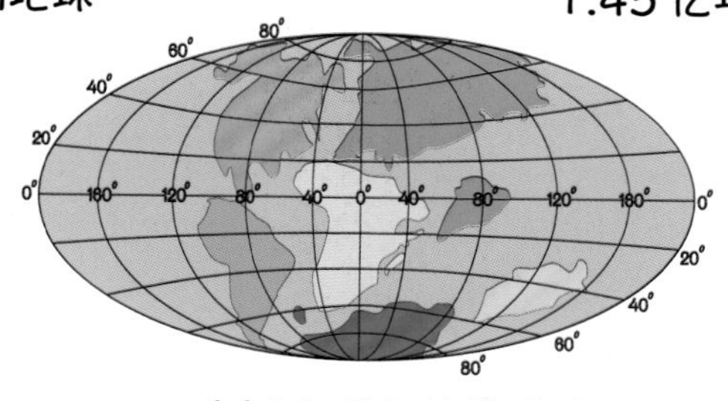

6600 万年前的地球

日食

日食也被称为日蚀，民间传说中也叫作“天狗食日”，是一种由于太阳、地球和月球三者位置变化产生的天文现象。

当月球运动到太阳和地球中间且三者呈一条直线时，会挡住射向地球的太阳光，月球影子落到地球上，出现日食现象。

半影
本影
地球轨道
月球
太阳
日全食
日偏食
地球
月球轨道

地球背对太阳时会产生阴影，即地影，分为本影和半影。本影是指没有受到太阳光直射的区域，而半影是指受到了部分太阳光直射的区域。

观测日全食

日全食具有巨大的天文观测价值。发生日全食时，月球会遮挡住太阳的光线，让日冕层显露出来，科学家们可以借此研究太阳。法国天文学家让桑在日全食时发现了新元素“氦”，英国天文学家爱丁顿证实了爱因斯坦广义相对论的正确性。

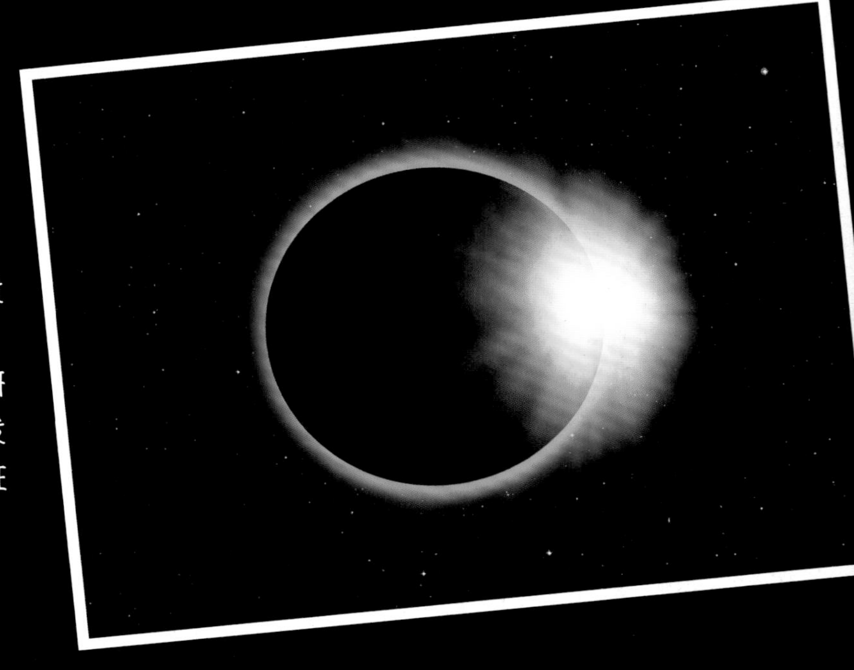

日全食的过程

日食一般发生在朔日，即农历初一。但并非所有的朔日都会发生日食，只有在太阳和月球都运行到白道和黄道的交点附近，形成一定角度时才会发生。

注意哦

观测日食现象时不能用眼睛直视太阳，太阳中的紫外线和红外线会烧伤视网膜黄斑，引起无法治愈的“日光性视网膜炎”，严重者可致失明。所以观测时一定要佩戴护目镜或相应的光学设备。

大自然的力量

大自然是神奇且蕴含强大力量的，这不仅体现为大自然中有着各种各样的生物和资源，也表现为大自然具有着巨大的破坏力量。

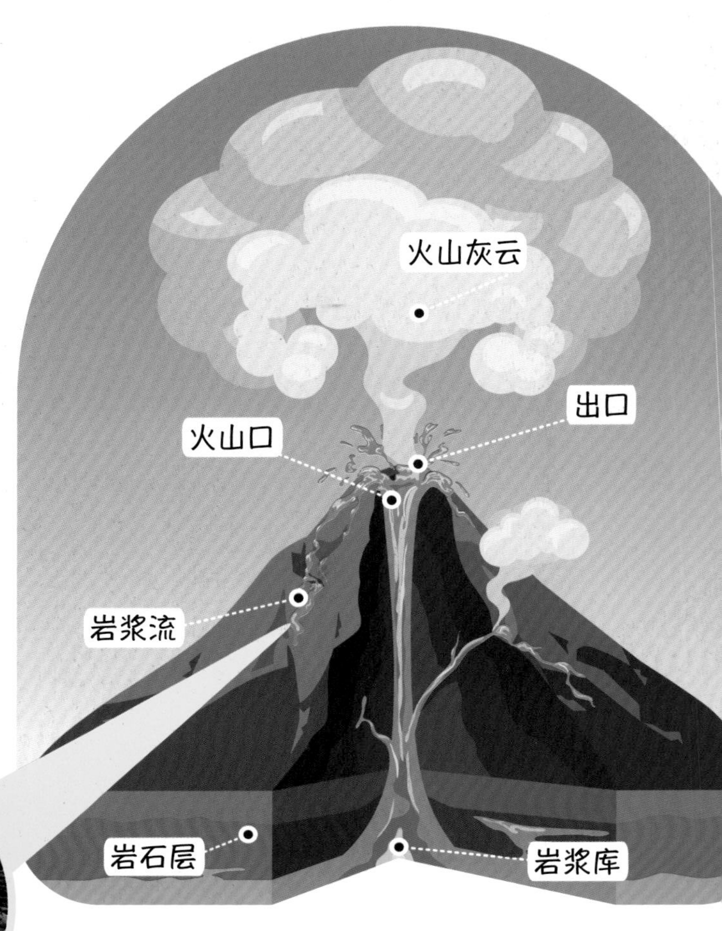

火山

火山是由地下的熔融物质和固体碎屑冲出地表后堆积形成的山体。

地震

地震是板块运动产生的一种自然现象，地球每年发生 500 多万次地震。

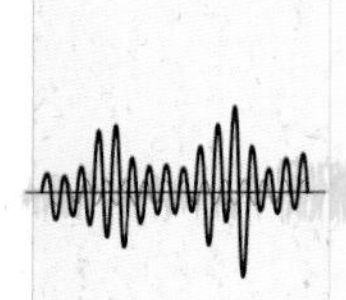

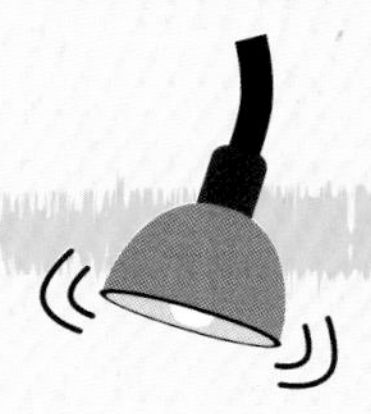
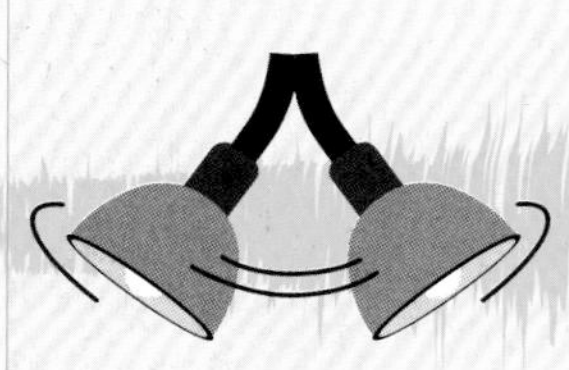
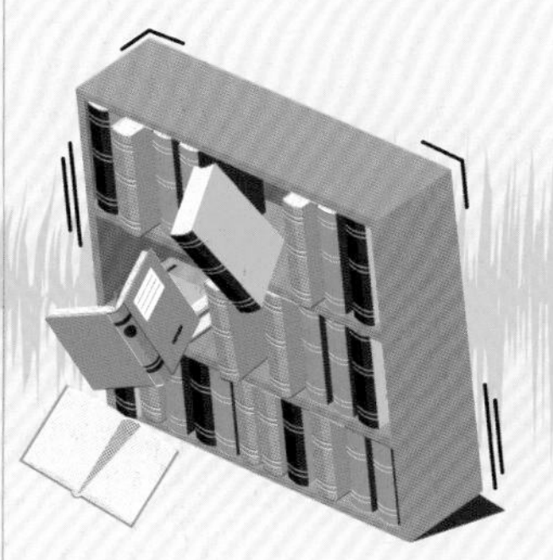

1.0-1.9 级	2.0-2.9 级	3.0-3.9 级	4.0-4.9 级	5.0-5.9 级	6.0-6.9 级
不能感觉到，但可以通过地形记录下来。		能检测到震动。		窗户嘎嘎作响或破碎。给人造成轻微损伤。	建筑物出现裂缝，树枝掉落。

海啸

海啸是一种破坏性的海浪，主要是由火山爆发、天气变化以及海底地震等引起的。

台风

台风的风级为12级或13级。

“塔利姆”台风的移动。

干旱

当降水总量非常少时，就会出现干旱现象，它是主要的自然灾害之一。

震级范围

7.0-7.9级	8.0-8.9级	9.0或更大级
建筑物倒塌，山体滑坡。		造成许多人死亡。

月球

月球是地球的伙伴，是地球的天然卫星，它们已经共同生存了大约45亿年了。

月球档案

直径：3476.28km
质量：7.349×10^{22}kg
表面温度：-180℃~127℃
平均公转周期：27.32天
分类：卫星

月球本身并不发光，它只是反射太阳光。

月球的直径大约是地球直径的四分之一。

月球到地球的距离大约为地球到太阳距离的四百分之一，所以从地球上看月亮和太阳一样大。

月球的诞生

关于月球的诞生，从古至今产生了许多说法，对它的探讨大致分为了以下几种：

俘获说

俘获说认为月球是被地球的引力所俘获而来的。

分裂说

著名生物学家达尔文的儿子乔治·达尔文认为月球是地球的一部分，但由于地球运转速度过快而将一部分物质抛了出去，这些物质慢慢形成了月球。

同源说

此学说认为地球和月球是由同一块太阳星云形成的，地球形成的时间略早于月球。

碰撞说

太阳系早期形成的小天体偶然碰撞到地球并被地球撞裂，被撞裂的物质中，飞离地球的气体和尘埃受引力作用集聚在一起，形成了早期的月球。

你知道吗？

月球是一个没有大气、没有水、没有生命的星球。

月球的结构

月球表面布满了裂缝的易碎岩石，月壳下面是富含矿物质的月幔，月幔可能一直延伸到月球中心，中心可能有一个金属核心。

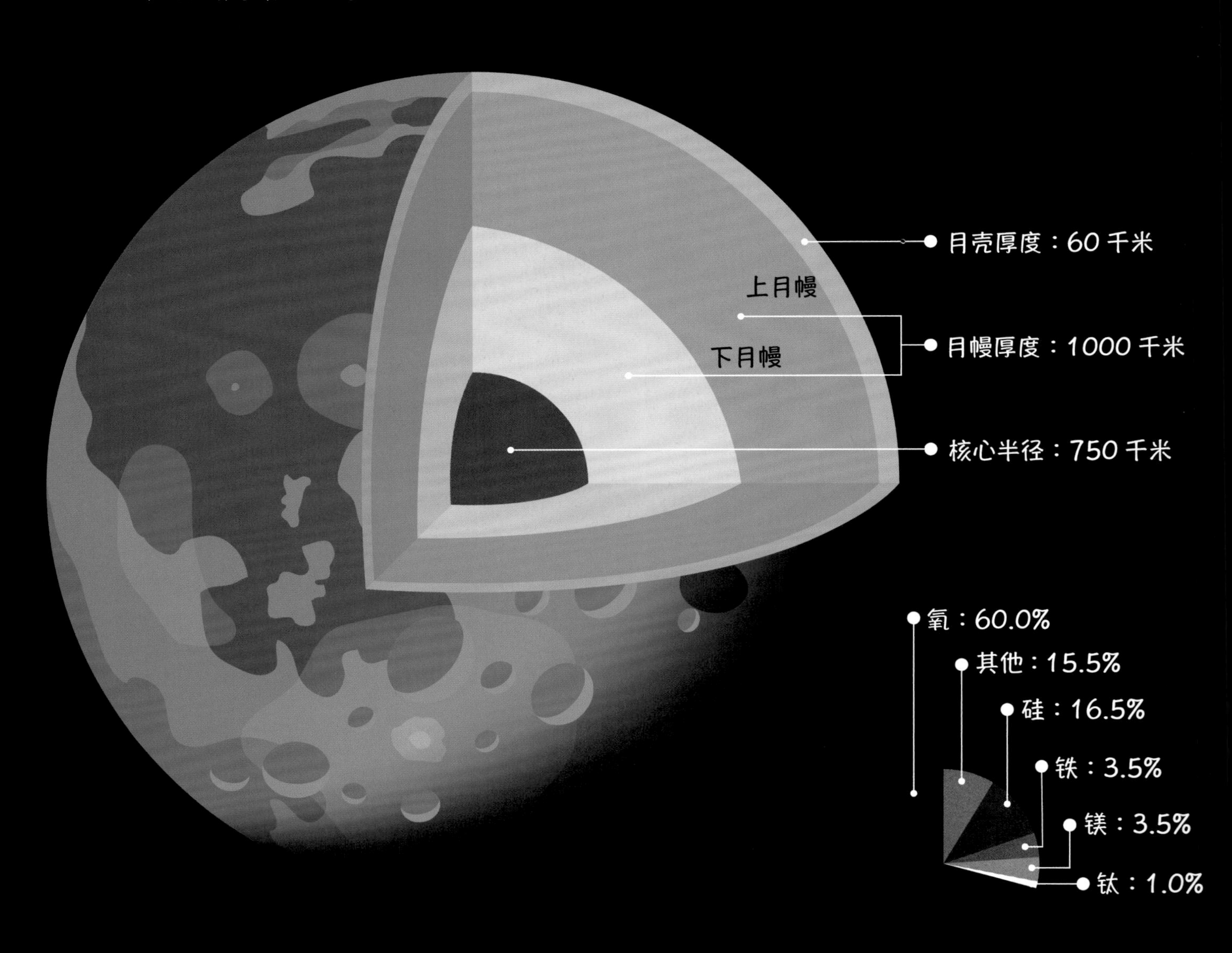

月球物质组成

地月系

地月系是地球和月球构成的一个天体系统。虽然看起来地月之间的距离很近，但其实它们相距的平均距离为 384403.9 千米，而且月球每年都会远离地球 3.8 厘米。

你知道吗？

月球上没有大气，它昼夜的温差很大，白天阳光直射的地方温度高达 127℃，夜晚表面温度可降低到 -180℃。

超级月亮

这是 2016 年 11 月 14 日在亚美尼亚共和国上空拍摄到的月球，此时月球位于近地点，在夜空中看起来最大。

月球的表面

从地球上观察月球，可以肉眼看到月球表面既有明亮的区域，也有阴暗的区域，早期天文学家认为，明亮的区域是被海水所覆盖的，阴暗的区域是山脉，事实上这种说法并不正确。

月球表面不是光滑平整的，而是坑坑洼洼的。

月球表面有许多撞击坑，这是由其他小行星等撞击而形成的。

月球表面也有和地球类似的山脉，其名字常借用地球上的山脉的名字，如高加索山脉、阿尔卑斯山脉等。

冷海位于月球北极附近，是一个狭长的盆地。

月球上并没有海洋，月海是指月球上阴暗的区域，它们是平原或山地。月球上已经确定的月海有22个，大多数都分布在月球正面。冷海和丰富海都是月海之一。

环形山是指凹坑形状的山。在月球表面有许多圆形凹坑，大多数凹坑附近都有环形山。环形山的大小不一，多以著名的天文学家或者学者的名字命名。

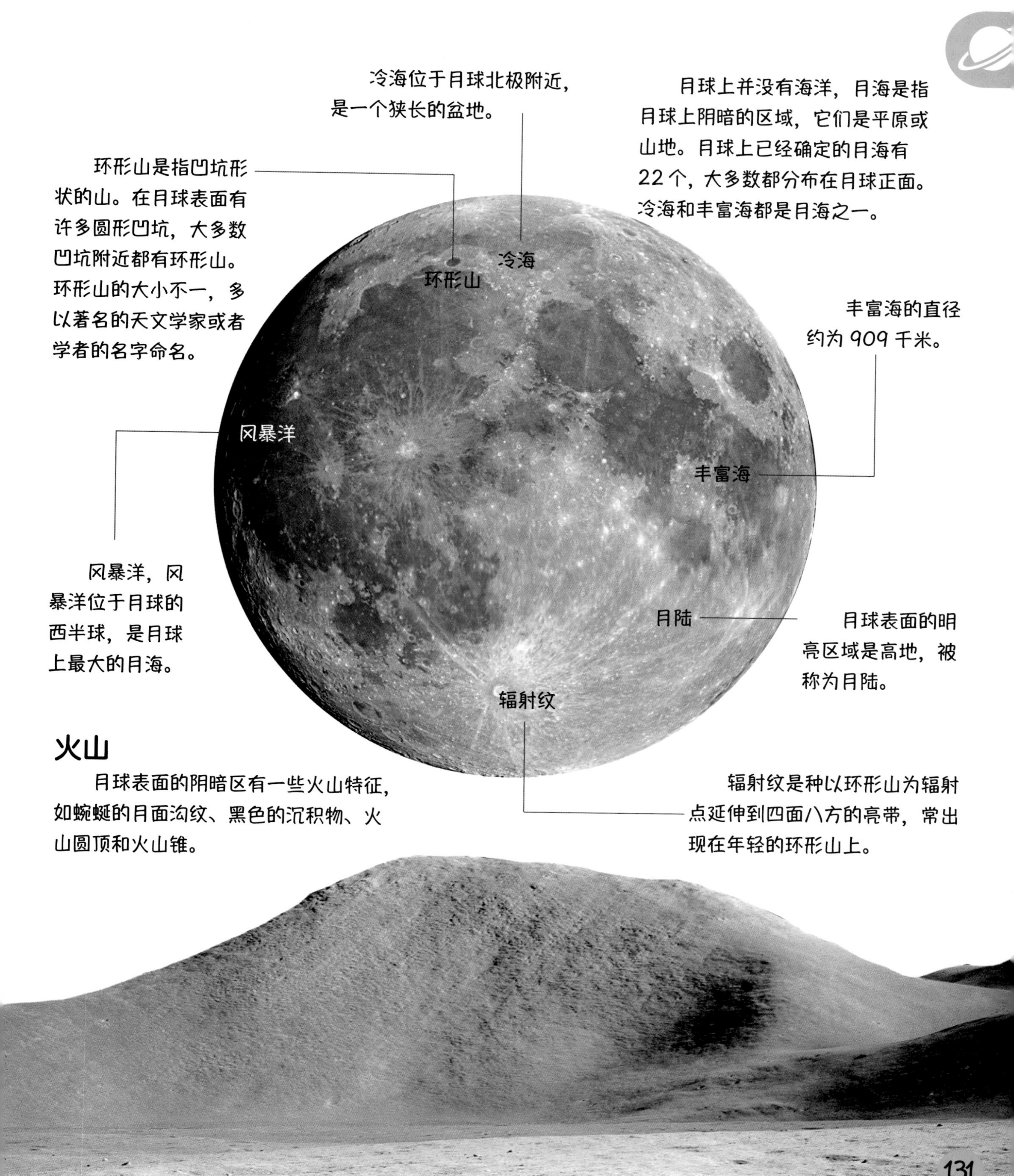

丰富海的直径约为909千米。

风暴洋，风暴洋位于月球的西半球，是月球上最大的月海。

月球表面的明亮区域是高地，被称为月陆。

火山

月球表面的阴暗区有一些火山特征，如蜿蜒的月面沟纹、黑色的沉积物、火山圆顶和火山锥。

辐射纹是种以环形山为辐射点延伸到四面八方的亮带，常出现在年轻的环形山上。

月球上的资源

月球上有许多天然物资和矿产资源，地球上的矿物质元素几乎都能在月球上找到。

钛铁矿

钛铁矿是提炼钛的主要矿石，是制造火箭、飞机和导弹的主要原料，在化工和石油领域也发挥着重要作用。

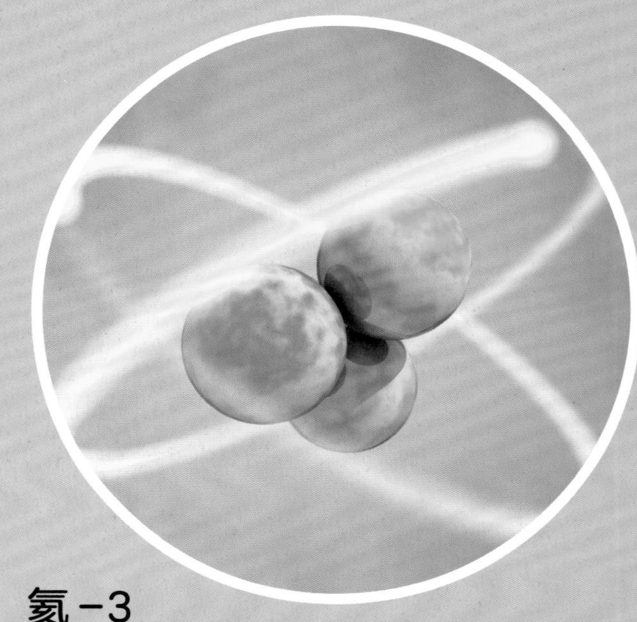

氦-3

氦-3是一种安全、高效和清洁的核聚变发电燃料，1吨的氦-3可以满足地球一年的发电需要。

月壤

月壤是一层覆盖在月球表面的具有黏性的细小粒子，其中富含大量的氦-3。

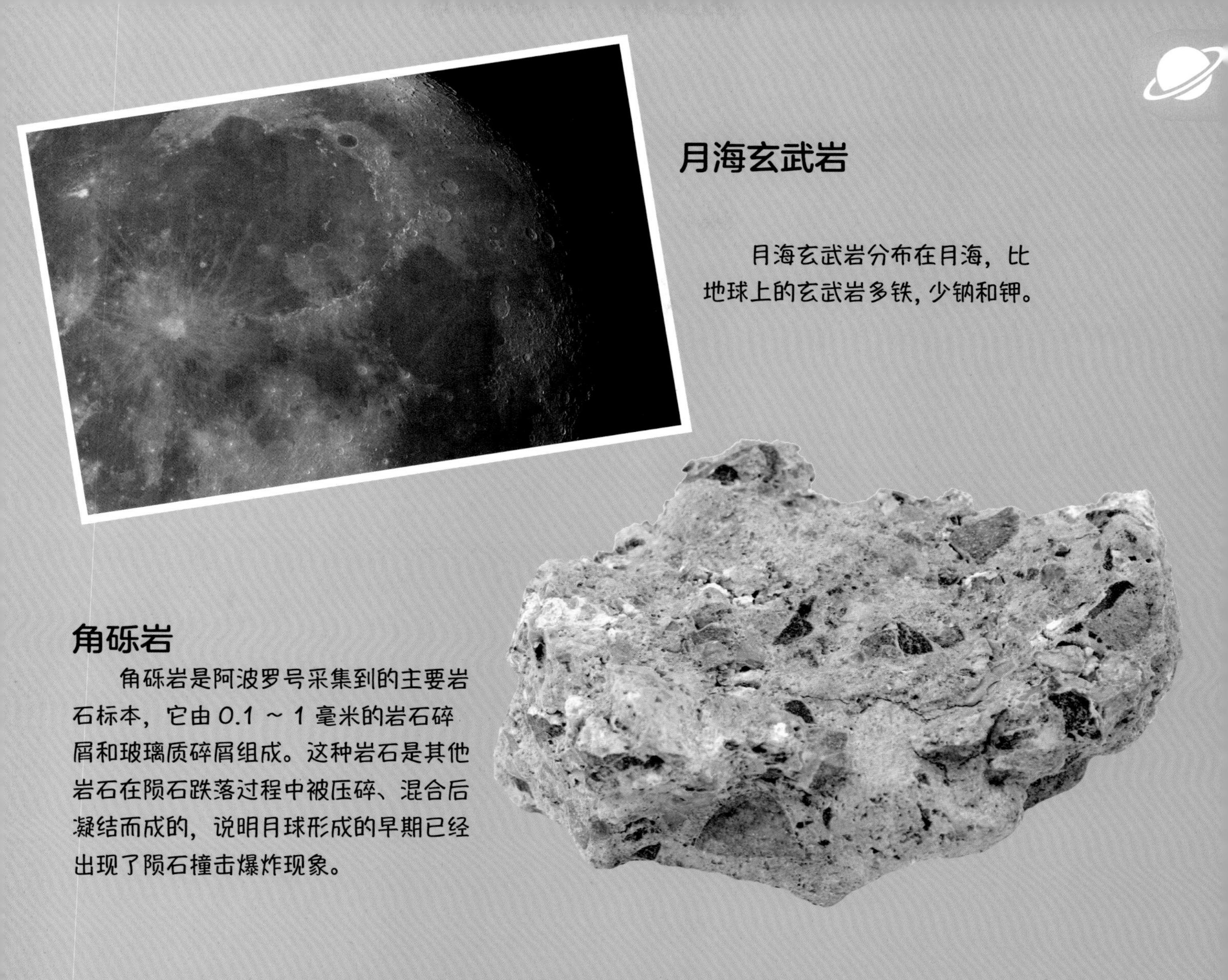

月海玄武岩

月海玄武岩分布在月海，比地球上的玄武岩多铁，少钠和钾。

角砾岩

角砾岩是阿波罗号采集到的主要岩石标本，它由 0.1 ～ 1 毫米的岩石碎屑和玻璃质碎屑组成。这种岩石是其他岩石在陨石跌落过程中被压碎、混合后凝结而成的，说明月球形成的早期已经出现了陨石撞击爆炸现象。

在地球矿产资源日益衰竭的今天，月球丰富的资源对人类有着很大的吸引力，开发与利用月球资源对地球的发展有着重要意义。

月相

随着月亮在星空中的移动，它的形状也会发生变化，月亮的位相变化被称为月相。

产生原因

月球本身是不透明且不发光的，它的发亮区域是反射的太阳光，我们在地球上看到的月球被太阳光照亮的部分就是月相。

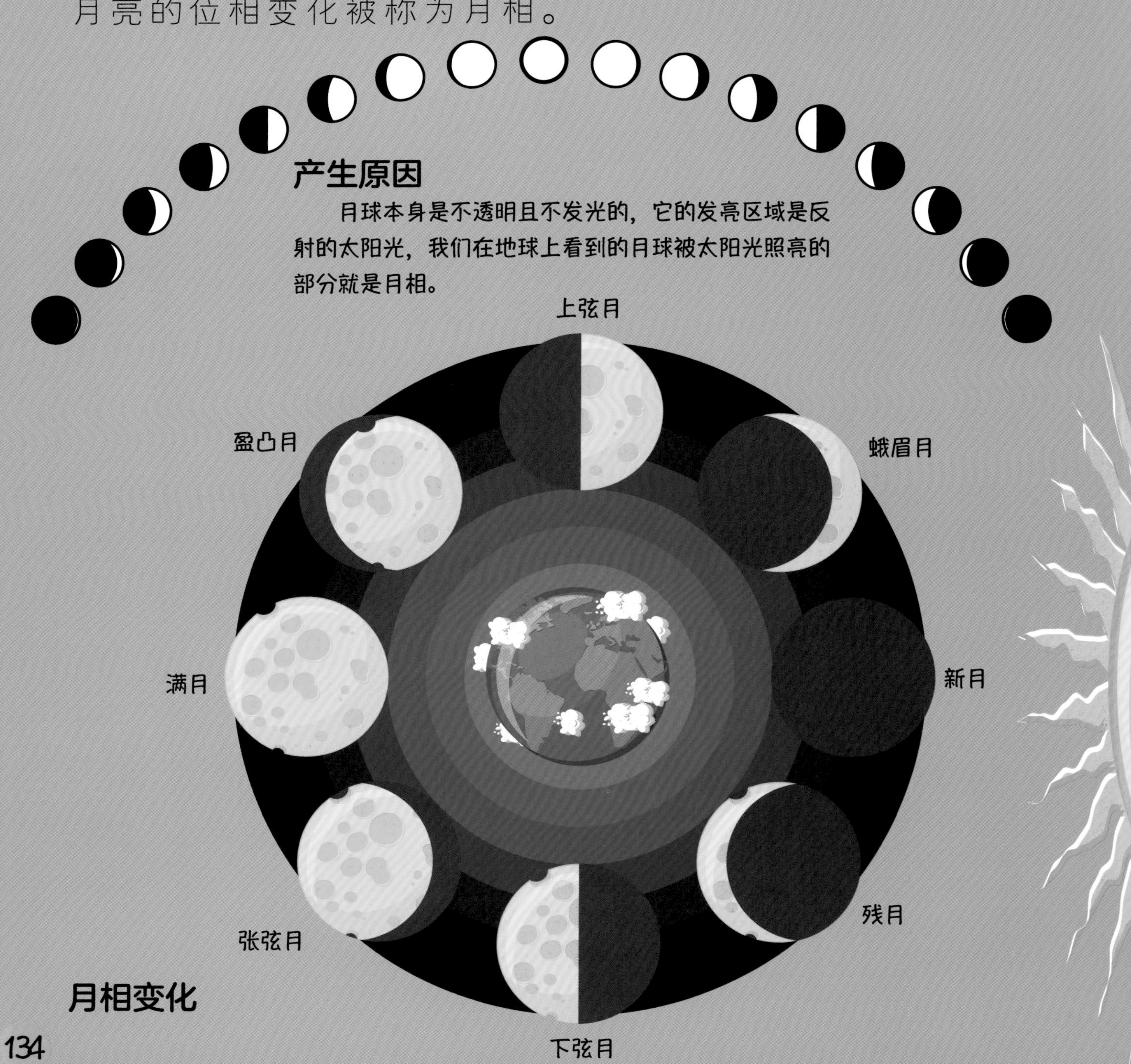

月相变化

变化规律

农历的每月初一，月球位于太阳和地球之间，地球上的人类看不到月亮，这时月亮为新月或朔。

你知道吗？

著名文豪苏东坡先生的词句“人有悲欢离合，月有阴晴圆缺”描述的就是月相的变化。

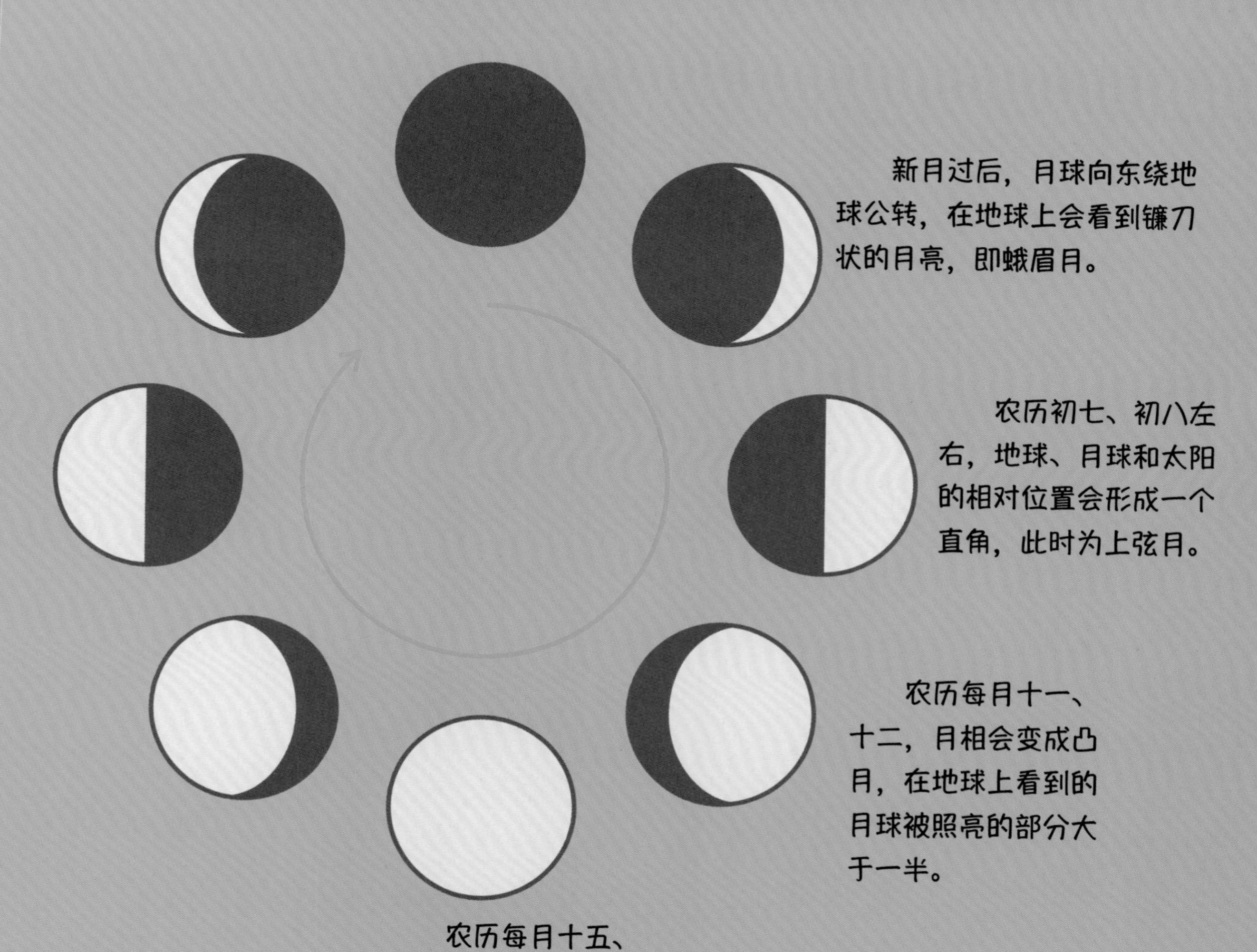

新月过后，月球向东绕地球公转，在地球上会看到镰刀状的月亮，即蛾眉月。

农历初七、初八左右，地球、月球和太阳的相对位置会形成一个直角，此时为上弦月。

农历每月十一、十二，月相会变成凸月，在地球上看到的月球被照亮的部分大于一半。

农历每月十五、十六，地球不会遮挡住太阳照射月球的光，人们会看到一轮满月。

以满月为界，月相变化是对应的，十八、十九日月球会重新变成凸月，二十二、二十三日变成下弦月，二十五、二十六日变成蛾眉月，最后变成朔。但下半月的月相和上半月并不完全一致，月球的朝向从上半月的面向西方，变成面向东方。

月食

月食是月球运动到地球阴影中时出现的现象，此时月球、地球和太阳恰好在一条直线上。

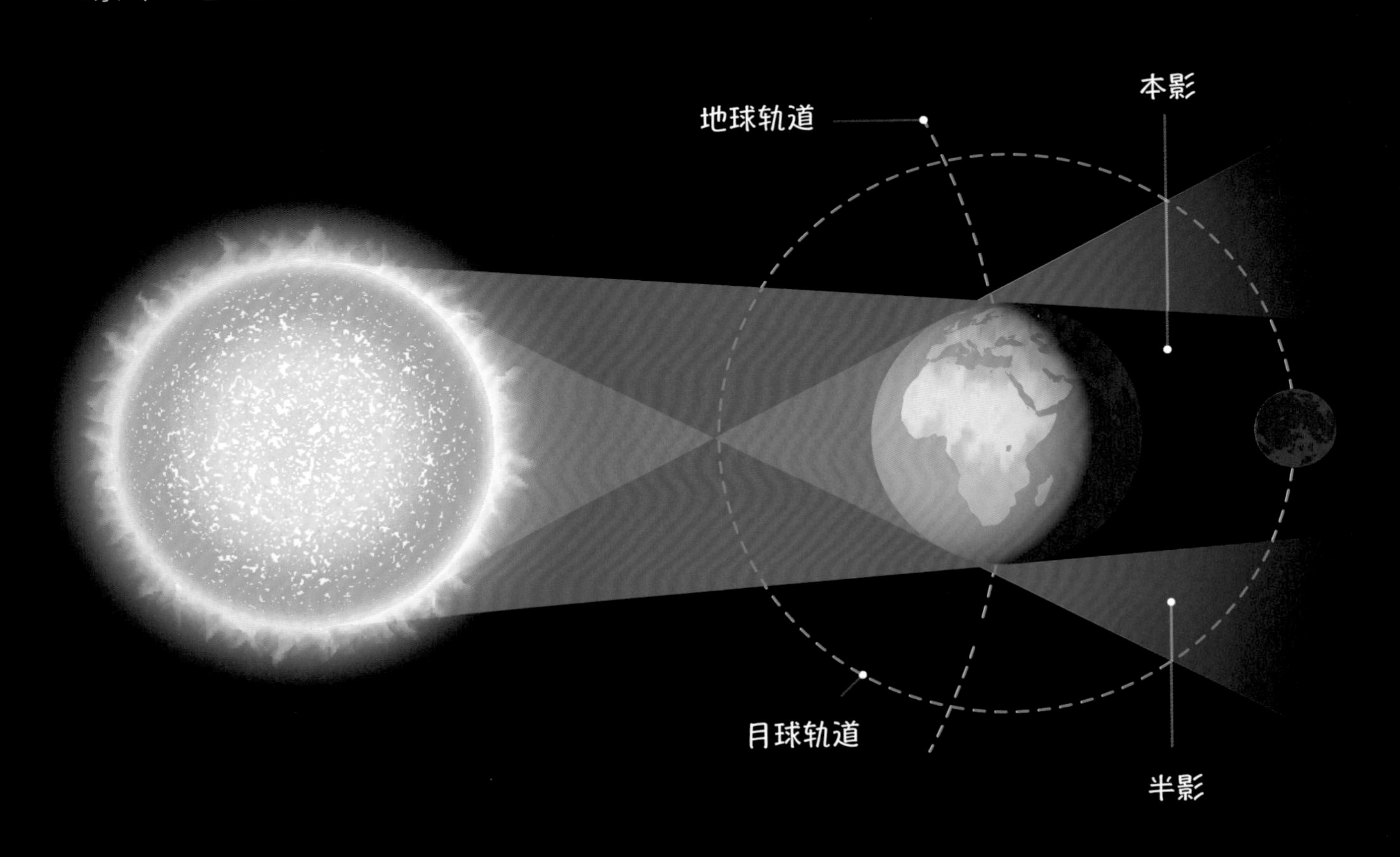

超级红月亮

当月球进入地球的本影区域时，大气层会将其他颜色的光吸收掉，剩下的红光折射到月球表面，形成暗红色的月亮，也被称为“血月”，这就是“月全食”。

月食

月食一般只发生在农历十五前后，可以分为月偏食、半影月食和月全食三种。

月偏食

当只有部分月球进入地球的本影时，才会出现月偏食。月偏食时，月亮会一半呈白色，一半呈古铜色。

半影月食

半影月食指月球掠过地球的半影区，造成月面亮度极轻微的减弱，肉眼很难注意到。

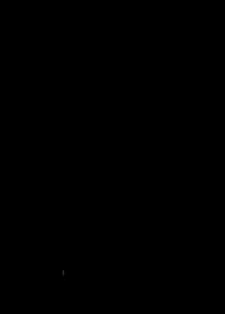

潮汐

潮汐是海水周期性运动的一种自然现象，一般将早上发生的称为潮，晚上发生的称为汐，总称为“潮汐”。

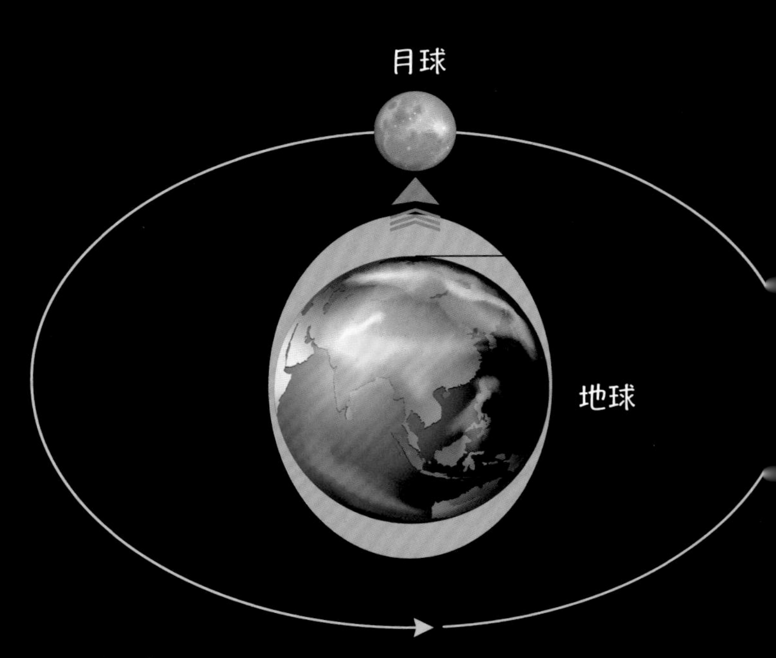

太阳潮

太阳潮是由太阳引力作用产生的潮汐。

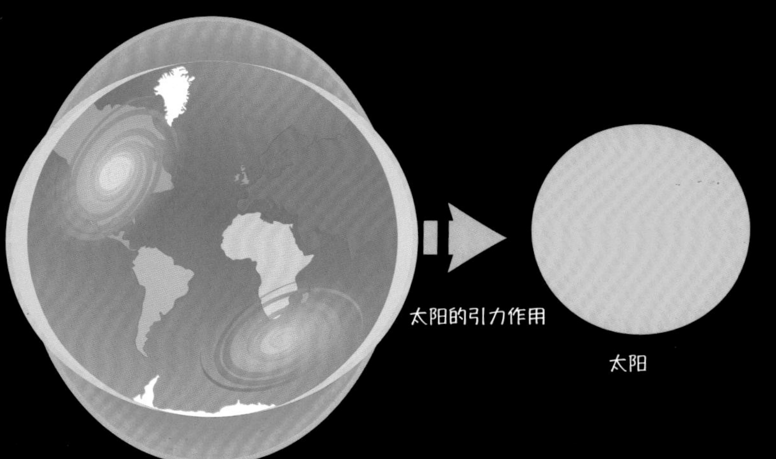

产生原因

潮汐是在月球和太阳的引力作用下，产生的海水周期性涨落运动。

月球潮汐

相较于太阳的引潮力，月球的则更大一些。由月球引起的潮汐就是月球潮汐。

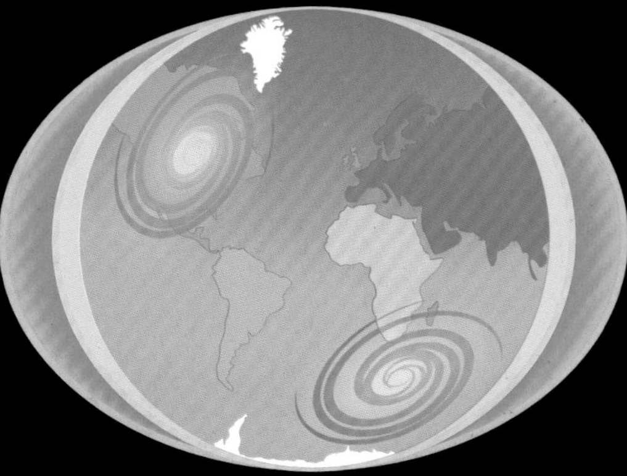

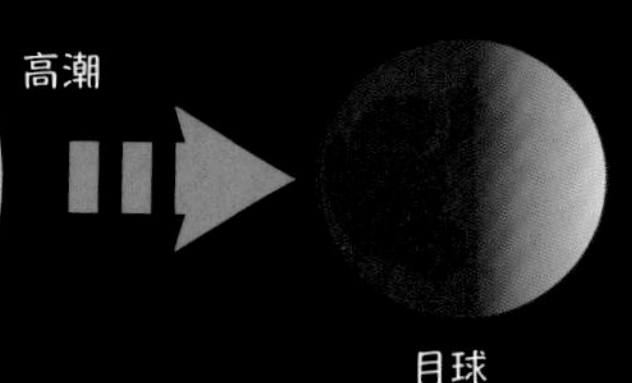

潮汐规律

潮汐的基本周期是每太阳日两次高潮与低潮和每朔望月两次大潮与小潮。

大潮

在农历初一（新月）和十五（满月）左右发生的海潮叫大潮，此时日、月、地三者几乎处于同一直线，月球和太阳二者引起的潮汐相互叠加，海面升降幅度较大。在实际中，由于受其他因素的影响，大潮不一定发生在初一或十五，可推迟两三天。

小潮

在农历初七（上弦月）和二十二（下弦月）左右发生的海潮叫小潮，此时月球、太阳和地球三者几乎垂直，月球和太阳对地球的潮汐影响可以部分相消，海面升起的高度也较低。当发生小潮时，高潮潮水比其他时候低，低潮潮水比其他时候高。

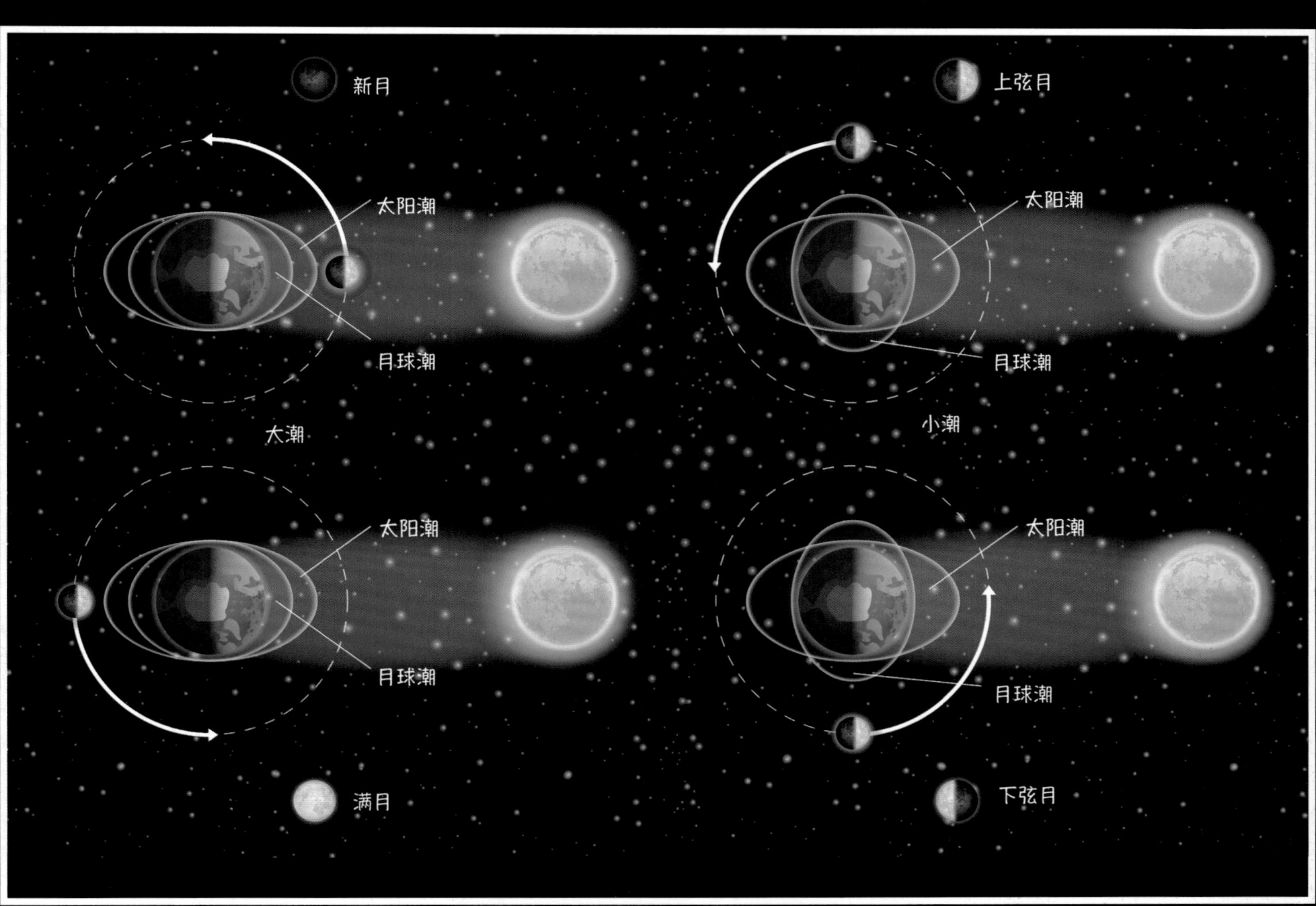

高潮

涨潮时达到的最高水位。

低潮

在一个涨落周期内，退却最远、最低的潮水位。

太空探索

太空是浩瀚无穷的，但我们探索太空的脚步从未停止。随着科技的日新月异，我们对太空了解得越来越多。

天文学家

从古至今，历史的长河中出现了许多著名的天文学家，也正是因为有他们的探索与研究，才会有今天的太空成果。

尼古拉·哥白尼

哥白尼是文艺复兴时期的一位科学家，他提出了“日心说”，改变了人们对宇宙与自然的看法。

约翰尼斯·开普勒

开普勒是德国杰出的物理学家、天文学家和数学家，他提出了行星运动的三大定律，发现了哈雷彗星。

艾萨克·牛顿

牛顿提出了万有引力和三大定律，发明了反射式望远镜，为天文学的发展奠定了基础。

伽利略·伽利雷

伽利略是意大利天文学家、物理学家和数学家，他创制了伽利略望远镜，并用它观察到太阳黑子、土星光环、金星与水星的盈亏现象以及木星的卫星等现象，有力地支持了哥白尼的日心说。

阿尔伯特·爱因斯坦

爱因斯坦是位犹太裔物理学家，提出了狭义相对论和广义相对论学说。此外他提出了光量子假说，提出宇宙空间有限无界的假说，对探索宇宙做出了巨大贡献。

郭守敬

郭守敬是我国元朝著名的天文学家、水利工程专家，著有《立成》《推步》等十四种天文历法著作，制定出了《授时历》，这是当时世界上最先进的一种历法。

克里斯蒂安·惠更斯

克里斯蒂安·惠更斯是荷兰天文学家，设计制造了精巧的光学和天文仪器，改进了望远镜和显微镜，并且用改良后的望远镜发现了土星光环以及土卫六等。

运载火箭

运载火箭是一种由多级火箭组成的航天运载工具，它们将卫星、探测器等送入轨道后就结束了自己的使命。

升空

在无外力的作用下，受地球引力作用，地球上所有物体都会向下坠落，那火箭是怎样克服地球引力升空的呢？根据牛顿第三运动定律，当热气体从火箭发动机中向下喷出时，形成的推力可以使火箭克服地球引力，从而推动火箭上升。

1973年5月14日，“土星”五号运载火箭将世界上第一个空间站送入了地球轨道。

发射

运载火箭一般为2级到4级，可以把卫星运送到宇宙轨道中。

多级火箭

多级火箭依据连接形式分为串联型、并联型和串并联混合型三种，每级所用的推进剂可以有所不同。

“土星”五号月球火箭的第2级和第3级。

火箭的结构

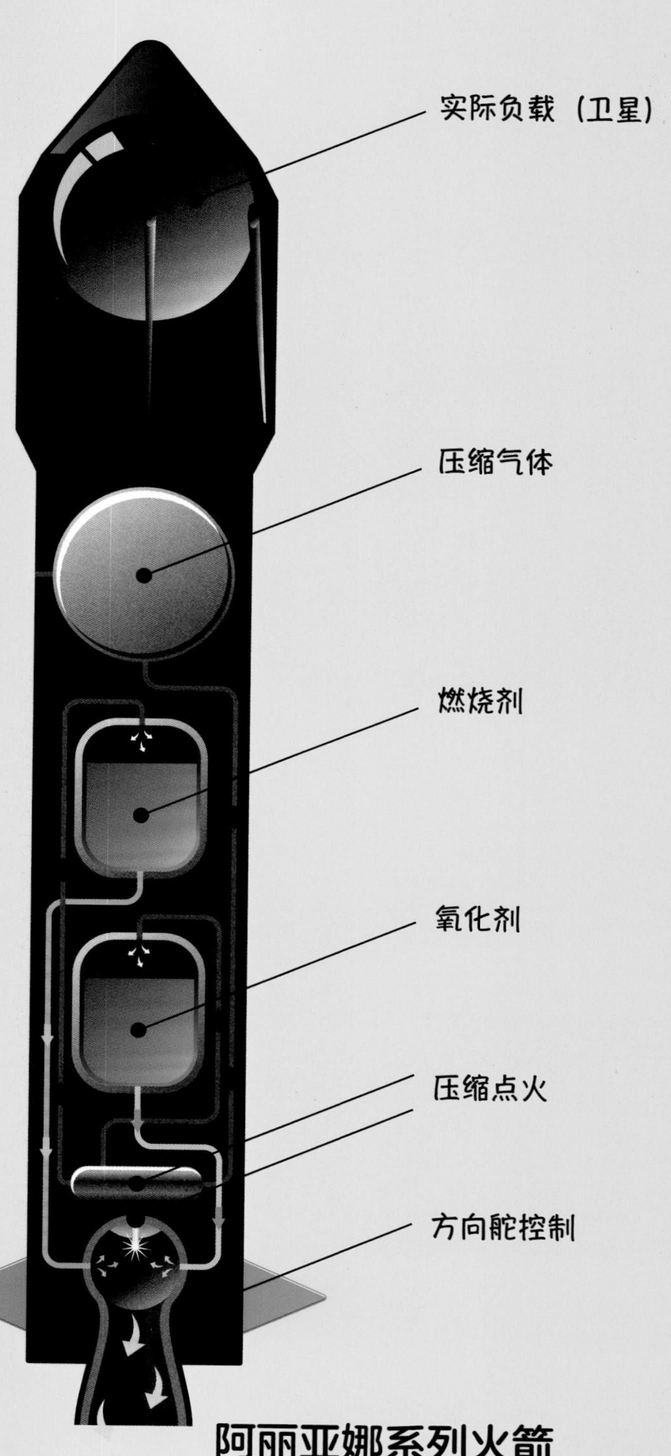

发动机的喷嘴可以通过变换角度来改变火箭的飞行方向。

阿丽亚娜系列火箭

阿丽亚娜系列火箭是由欧洲航天局研制的火箭计划，是欧洲联合自强的一个象征。

宇宙飞船

宇宙飞船可以将宇航员、货物等运送到太空并安全返回，有一次性使用飞船，也有可重复使用类型。

“东方”1号宇宙飞船

“东方”1号是第一艘进入地球轨道的宇宙飞船，也是首次载人的飞船。宇航员尤里·加加林成为第一位进入太空的人。

外侧覆盖的耐高温材料可承受进入大气层时因摩擦产生的5000℃的高温。

“东方”1号宇宙飞船由乘员舱、设备舱和末级火箭组成，总重6.17吨，长7.35米，球形部分为乘员舱。

“东方”号运载火箭

“东方”号系列运载火箭是世界上发射次数最多的运载火箭系列，第一艘载人飞船就是由它送入太空的。

分类

宇宙飞船可以按照机舱的构造分为单舱型、双舱型和三舱型这三种类型。

“水星”号飞船

单舱型

单舱型宇宙飞船是一种只有宇航员座舱的飞船，“水星”载人飞船就是单舱型。

“水星”号飞船是美国的第一代载人飞船，由圆台形座舱和圆柱形伞舱组成，总长约 2.9 米，最大直径为 1.8 米，重 1.3 ～ 1.8 吨。

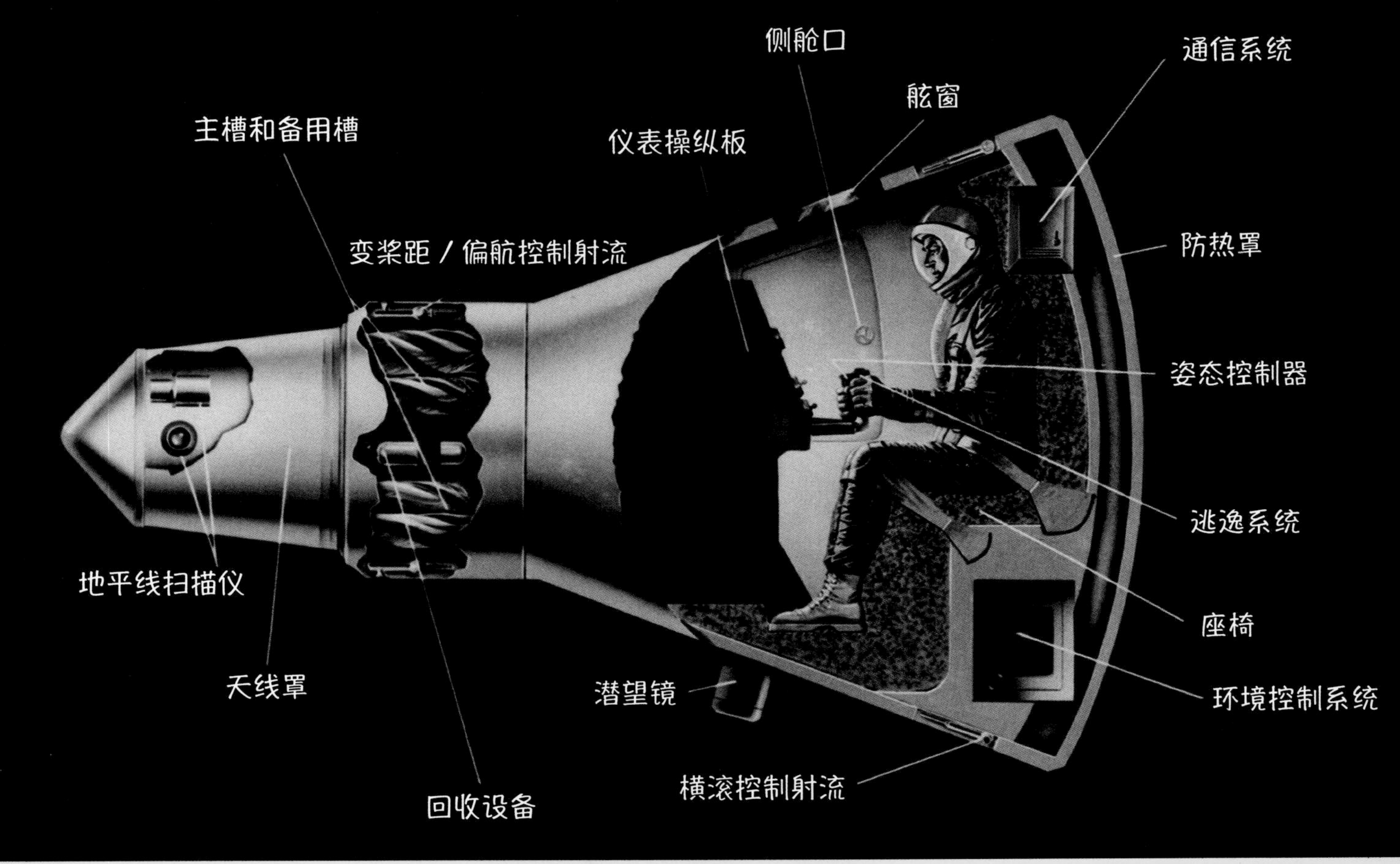

双舱型

双舱型飞船是由座舱和服务舱组成的，美国“双子星座”号飞船、苏联“东方”号飞船等都是双舱型。

“双子星”8 号宇宙飞船接近阿金纳目标对接车。

三舱型

三舱型飞船是在双舱型飞船的基础上增加一个轨道舱或登月舱。“联盟”号系列飞船和“阿波罗”号飞船都是典型的三舱型飞船。

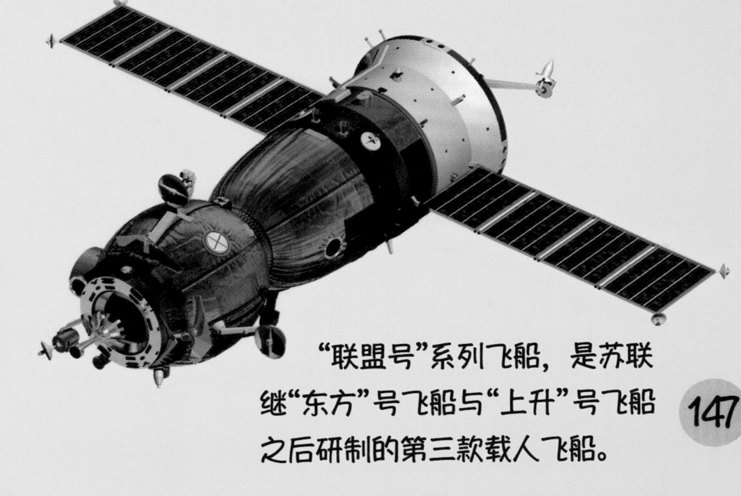
“联盟号”系列飞船，是苏联继“东方”号飞船与“上升”号飞船之后研制的第三款载人飞船。

航天飞机

航天飞机是一种有人驾驶、可载人往返于太空和地面之间并且可以重复使用的航天器。

结构

航天飞机是由轨道器、固体助推器和外贮箱组成的。

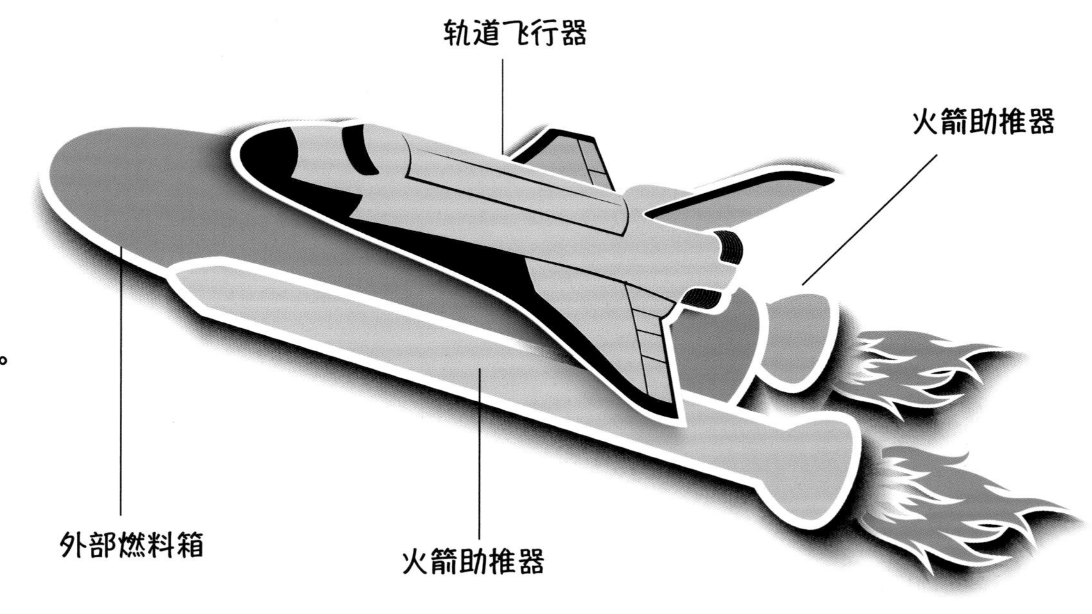

机组人员

在飞行任务中，航天飞机会乘载5~7名机组人员，包括一名指令长、一名飞行员和几名科学家，有时还有飞行工程师。

“暴风雪”号航天飞机

“暴风雪”号航天飞机的大小类似普通大型客机，机翼呈三角形。苏联建造的“暴风雪”号航天飞机曾于1988年成功地进行了无人轨道试飞，后因经费不足计划终止。

“发现”号航天飞机

“发现”号航天飞机隶属于美国肯尼迪航天中心，于 1984 年 8 月 30 日首飞，2011 年 3 月结束长达 27 年的飞行。

“奋进”号航天飞机

“奋进”号航天飞机是美国第五架执行飞行任务的飞机，于 2011 年 5 月在肯尼迪航天中心成功升空。

飞机失事

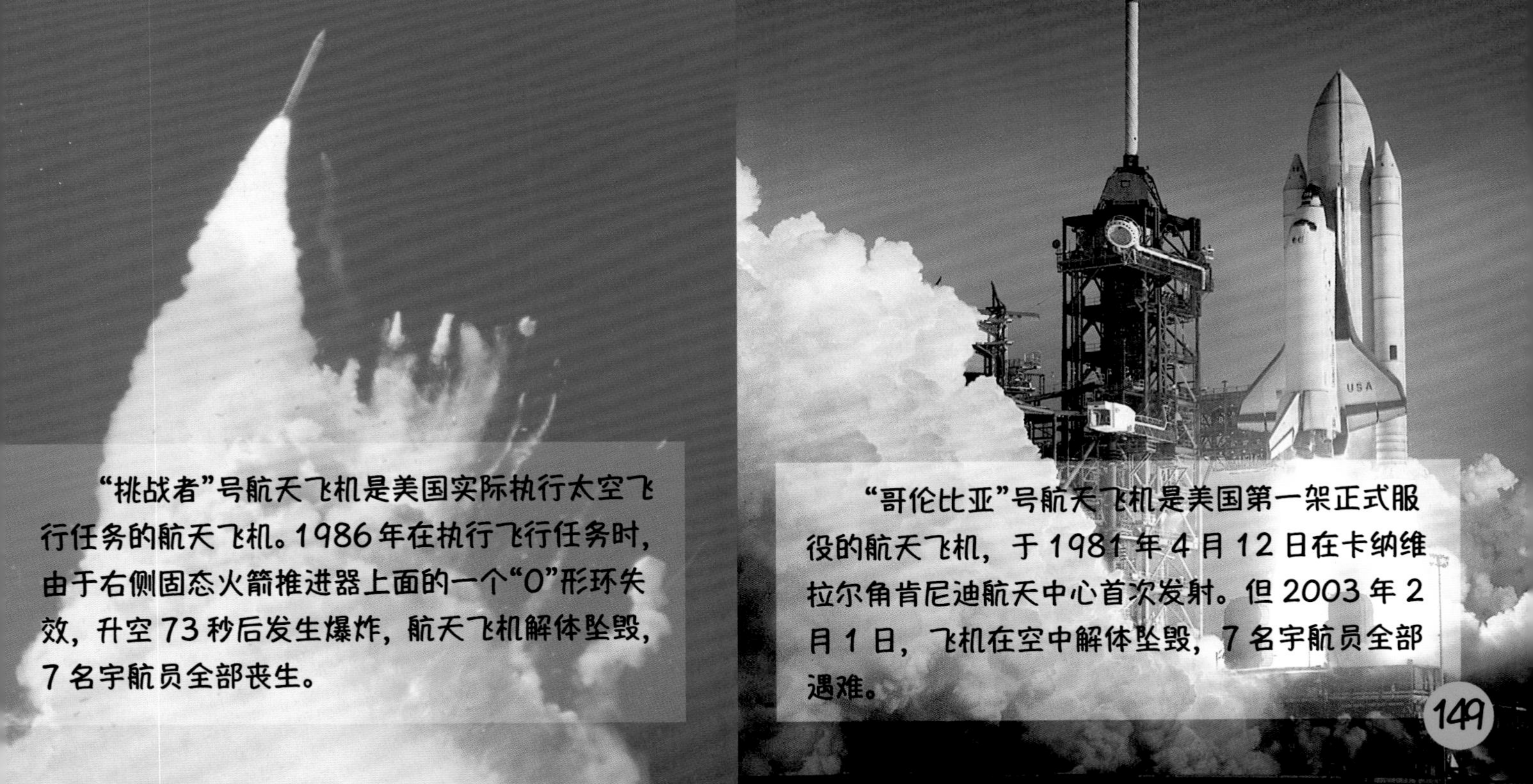

“挑战者”号航天飞机是美国实际执行太空飞行任务的航天飞机。1986 年在执行飞行任务时，由于右侧固态火箭推进器上面的一个“O”形环失效，升空 73 秒后发生爆炸，航天飞机解体坠毁，7 名宇航员全部丧生。

“哥伦比亚”号航天飞机是美国第一架正式服役的航天飞机，于 1981 年 4 月 12 日在卡纳维拉尔角肯尼迪航天中心首次发射。但 2003 年 2 月 1 日，飞机在空中解体坠毁，7 名宇航员全部遇难。

发射中心

发射中心是开展航天活动的主要场所，早期发射中心建在美国和苏联。现在随着航天技术的进步，越来越多的国家和地区建立了或正在建设自己的发射中心。

发射中心的选址条件：

①纬度低，线速度大，航天器能获得较大的初速度，节省燃料，降低发射成本。

②气候干燥，降水少，晴朗天气多，空气能见度高。

③地形开阔平坦，发射场相对周围地区地势较高。

④交通便利，便于航天器仪器和设备的运输。

⑤要考虑安全条件，一般在人口稀少的偏远地区。

卡纳维拉尔角发射基地

卡纳维拉尔角在赤道附近，地球自转产生的离心力最大，便于航天器利用离心力。且此地人烟稀少，脱落下来的助推器不会造成巨大的伤害。

肯尼迪航天中心

肯尼迪航天中心成立于 1962 年 7 月，是美国国家航空航天局进行航天器测试、准备和实施发射的最重要场所。

“土星”5 号运载火箭随设备测试车辆从装配大楼出来，前往肯尼迪航天中心发射场。

拜科努尔航天中心

拜科努尔航天中心是苏联建造的导弹试验基地和航天器发射场，有 5 个发射控制中心，13 个发射台。

圭亚那库鲁航天发射场

圭亚那库鲁航天发射场是法国目前唯一的发射场，也是欧洲航天局主要的航天活动场所。

人造卫星

卫星是一种围绕行星轨道运行的天体，人造卫星是人类制造出来的卫星，通过运载工具将它发射到预定轨道，使其环绕行星运行。

1957年苏联发射第一颗人造卫星。

这颗卫星由直径58厘米的铝球和四根三米长的鞭状天线组成，重83千克，绕地球一周需1小时35分。

人造卫星结构

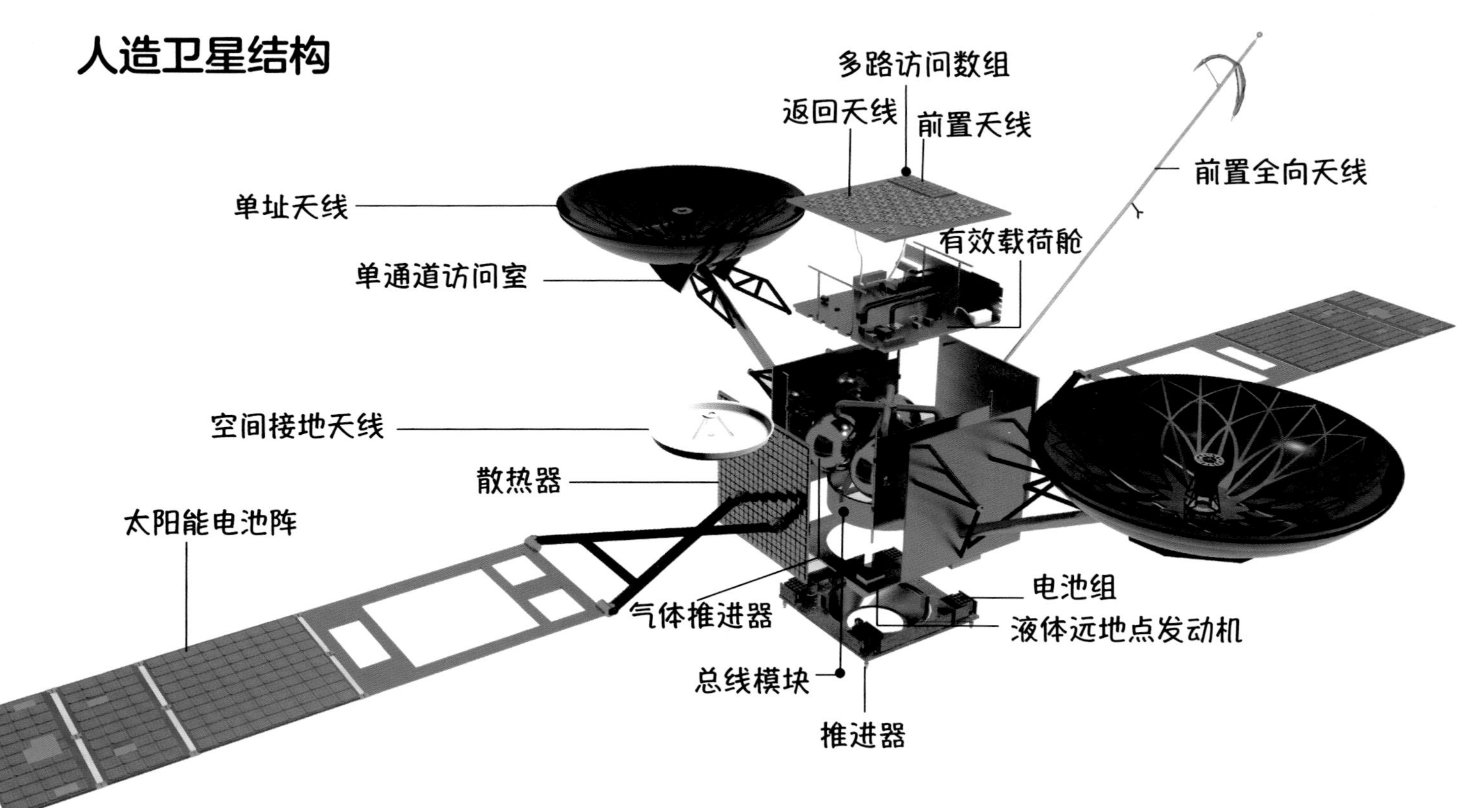

广播卫星

广播卫星是一种向用户转播视频、音频和数据等信息的通信卫星。

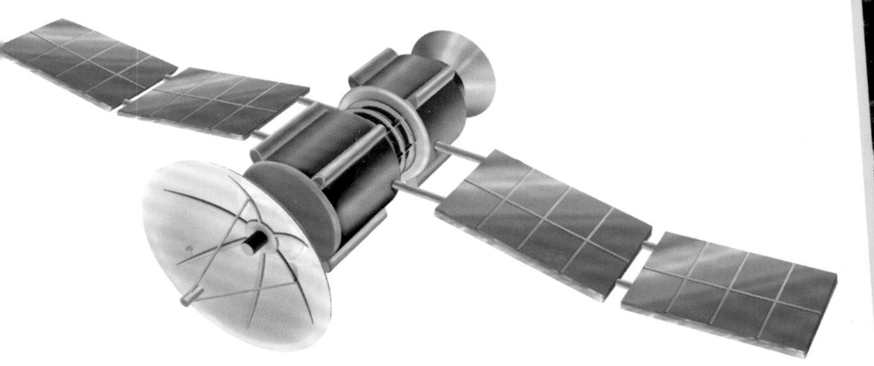

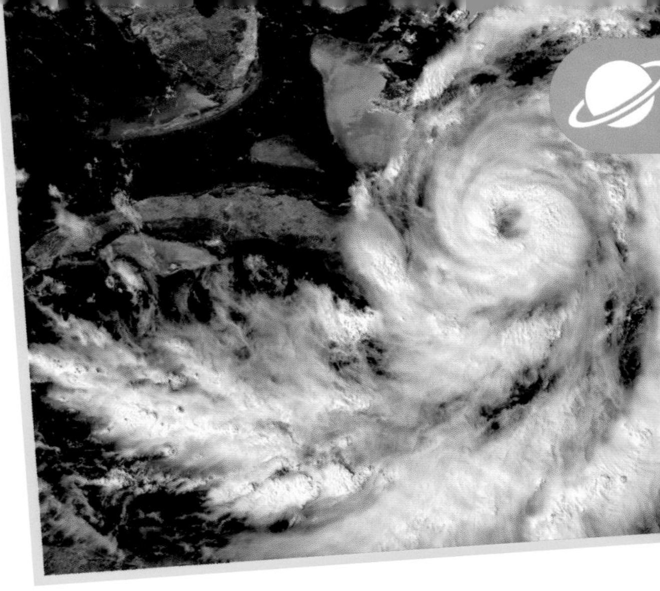

气象卫星

气象卫星可以从太空中对地球大气层进行观测，并将观测信息传送到地面。地面站将信息进行接收、绘制，经过处理和计算得到气象资料。

美国佛罗里达州遭遇飓风袭击。

军事卫星

军事卫星是指用于军事目的的人造卫星，如侦察卫星、军用导航卫星等。

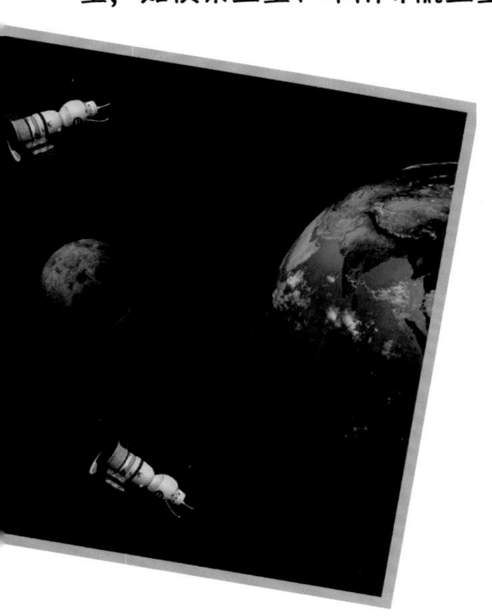

太阳光源位置
天线波束宽度
中断角
卫星
太阳光源位置
地球
天线波束宽度
太阳光源位置

人造卫星的运动

受多种因素的影响，人造卫星的运动轨道有所不同，而且不同高度的轨道运行不同类型的卫星。根据卫星任务的不同，可将卫星分为低轨道、中高轨道、地球静止轨道、地球同步轨道、太阳同步轨道等类型。

空间探测器

空间探测器是人类用于探测较远天体和空间的无人航天器，它是现阶段人类探测太空的主要工具。

空间探测的方式

①在近地空间轨道上进行远距离空间探测。
②飞过行星周围，进行近距离探测。
③成为行星的人造卫星，进行长期观测。
④在行星及其卫星表面硬着陆，利用着陆前的时间探测。
⑤在行星及其卫星表面软着陆，进行实地考察。
⑥在深空飞行，进行长期考察。

“伽利略”号木星探测器

“伽利略”号木星探测器是 1989 年美国航天局从“亚特兰蒂斯”号航天飞机上发射的，是第一个专门用来探测木星的航天器。

“旅行者”号探测器

“旅行者”号探测器共有两颗，原名为“水手”11 号和“水手”12 号，是美国研制的外层星系空间探测器，探测了土星、木星、天王星和海王星。

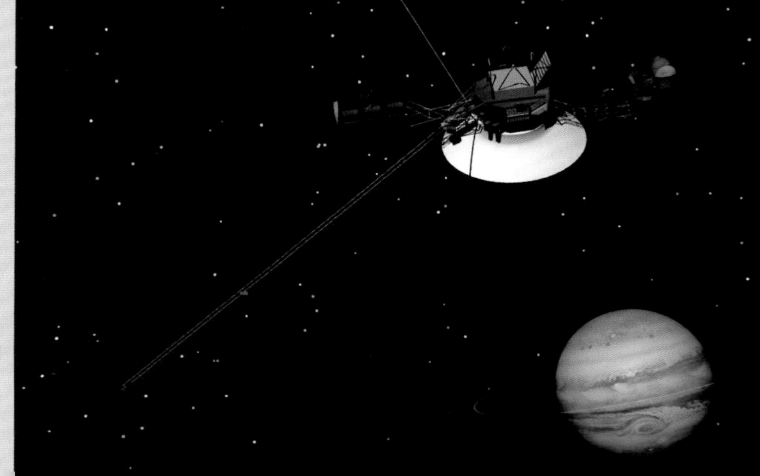

“旅行者”号探测器探测木星。

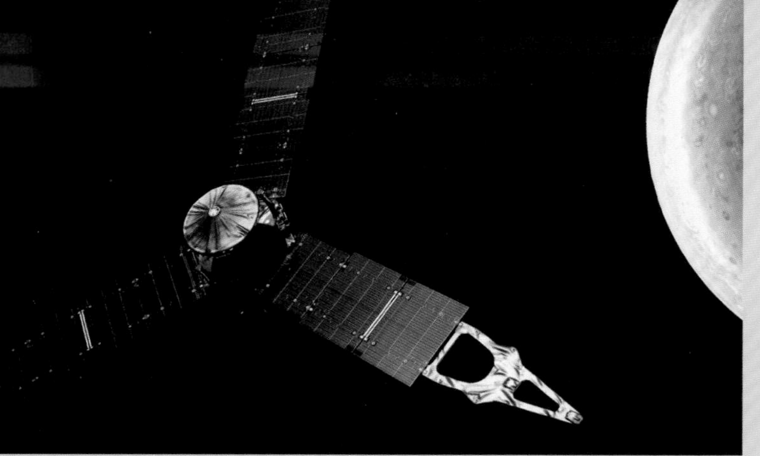

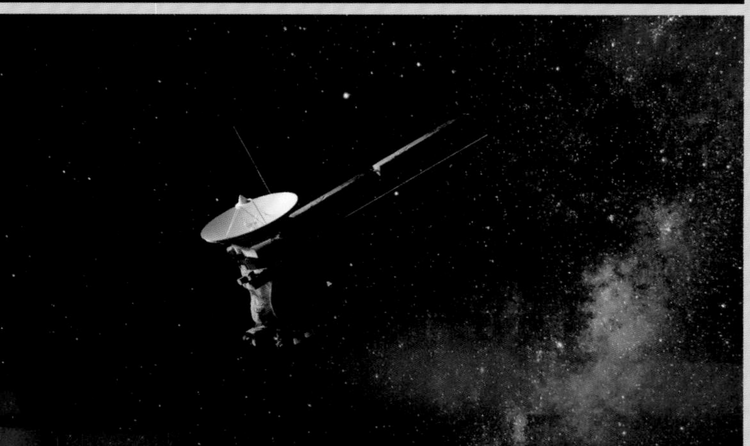

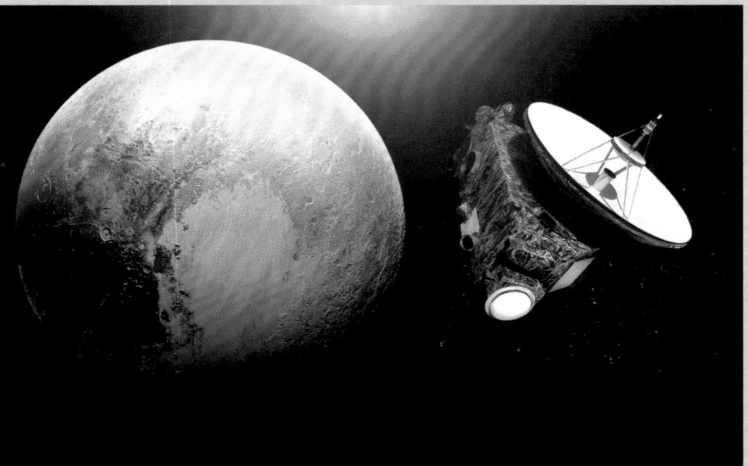

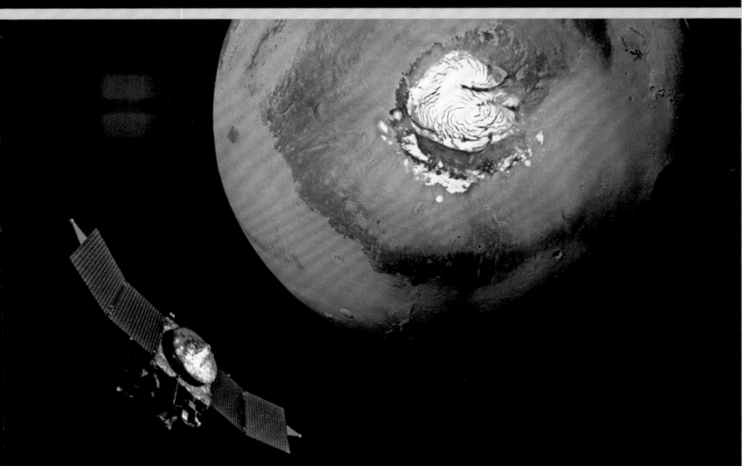

“朱诺”号木星探测器

2011 年 8 月 5 日，“朱诺”号木星探测器从美国佛罗里达州发射升空，2016 年 7 月 5 日，成功进入木星轨道。

“卡西尼-惠更斯”号

“卡西尼—惠更斯”号是迄今为止人类发射的复杂程度最高、规模最大的行星探测器。

“新地平线”号探测器

“新地平线”号是 2006 年 1 月 19 日美国在肯尼迪航天中心发射的冥王星探测器，主要任务是探测冥王星、卡戎星及位于柯伊伯带的小行星群。

MAVEN 火星探测器

MAVEN 火星探测器于 2013 年 11 月 19 日升空，2014 年 9 月 22 日进入火星轨道，其任务是调查火星大气失踪之谜，寻找火星早期有水源的痕迹和二氧化碳消失的原因。

空间站

空间站也被称为航天站，是一种可以在近地轨道长时间运行的载人航天器，还可供航天员工作和生活。

“和平”号空间站

“和平”号空间站由多个模块在轨道上组装而成，是苏联建造的首个人类可长期居住的空间站。

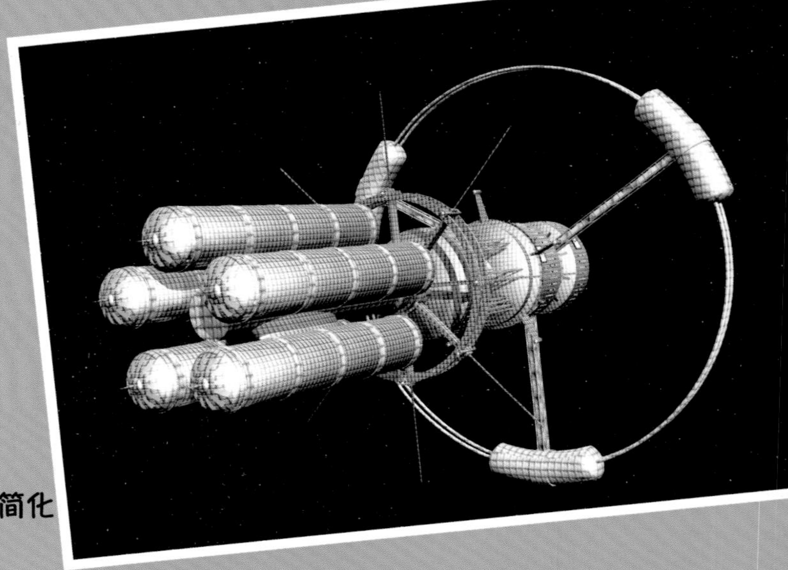

空间站的特点

①空间站可在太空接纳航天员进行实验，简化了其结构，减少了航天费用。

②空间站的存在缩短了宇航员在太空的时间，航天员只需启动并调试，它就可照常进行工作。

③空间站发生故障时，宇航员可在太空中维修、换件，延长了航天器的使用寿命，保证了太空科学工作的连续性。

天空实验室

天空实验室是美国于 1973 年 5 月在肯尼迪中心发射的一个环绕地球的试验性航天站。

国际空间站

国际空间站是1993年由美国、俄罗斯、日本、加拿大、欧洲、巴西等16个国家联合建造的，这是目前人类建成的规模最大的空间站。

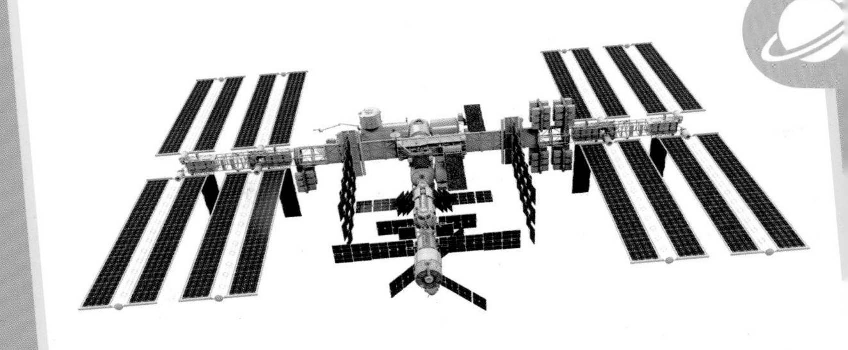

太空对接

太空对接是指两个或两个以上的航天器在太空飞行时连接起来形成更大的航天器复合体。大型空间站的建成与太空对接技术相关，就算是小型空间站，也需要宇宙飞船与其对接，将人或货物送上去。

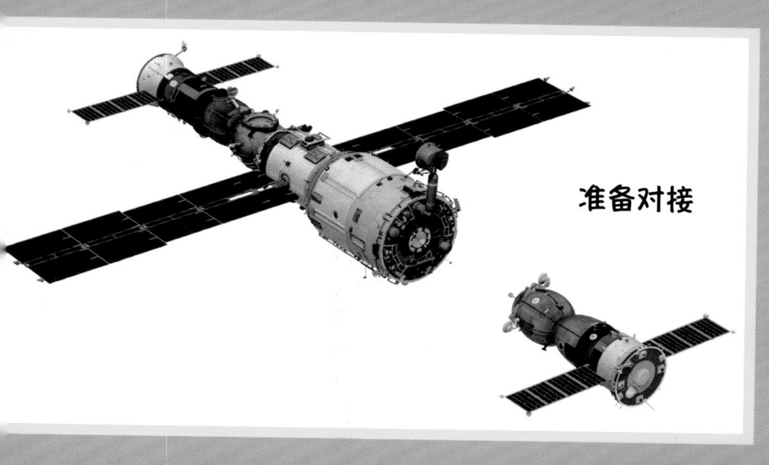

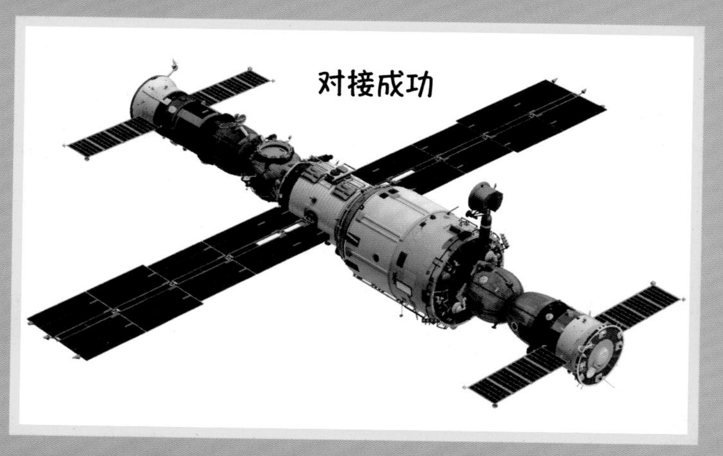

1975年7月17日，美国“阿波罗”太空舱和苏联“联盟号”宇宙飞船在太空中进行第一次国际对接。

太空先驱

1961 年人类首次飞天，之后太空事业也在不断蓬勃发展。在人类进入太空的这段历史中，早期探索者为人类探索宇宙、了解太空做出了贡献，他们的作用无可替代。

罗伯特·戈达德

罗伯特·戈达德是美国物理学家，他从 1920 年开始研究液体火箭，被认为是现代火箭技术之父。

谢尔盖·帕夫洛维奇·科罗廖夫

谢尔盖·帕夫洛维奇·科罗廖夫是苏联很多太空计划的主要谋划人，如第一颗人造地球卫星运载火箭的设计者、第一艘载人航天飞船的总设计师，等等，苏联宇航事业的发展与科罗廖夫密不可分。

尤里·加加林

尤里·加加林是苏联宇航员，他是第一位进入太空的人。

阿波罗－联盟测试计划

由美国和苏联执行，是历史上第一次由两个国家合作的载人航天任务。

К В КОСМОСЕ!

ЗВЕЗДОЛЕТА—НАШ, СОВЕТСКИЙ!

Великая победа разума и труда

МИР РУКОПЛЕЩЕТ ЮРИЮ ГАГАРИНУ

ПРОЛЕТАРИИ ВСЕХ СТРАН, СОЕДИНЯЙТЕСЬ!

КОМСОМОЛЬСКАЯ ПРАВДА

Орган Центрального Комитета ВЛКСМ

Четверг, 13 апреля 1961 г.

Цена 2 коп.

№ 88 (11028)

К Коммунистической партии и народам Советского Союза!

К народам и правительствам всех стран!

Ко всему прогрессивному человечеству!

ОБРАЩЕНИЕ

Центрального Комитета КПСС, Президиума Верховного Совета СССР и правительства Советского Союза

...ННУЮ

Сообщение ТАСС

尼尔·阿姆斯特朗

1969年7月21日，“阿波罗”11号成功登陆月球，尼尔·阿姆斯特朗走出登月舱，成为首个登陆月球的人类。

登月

飞上月球是人类一直以来的梦想，在 20 世纪中后期，人类终于成功登上月球，美国是首个登上月球的国家。

1969 年 7 月 21 日，美国的“阿波罗”11 号飞船成功登上月球表面。

印有登月第一人——阿姆斯特朗的邮票。

“猎户座”飞船

“猎户座”飞船是美国研制的新一代载人太空船，也是火星载人登陆计划的主要载体，于 2018 年执行了飞往月球背面的无人测试任务。

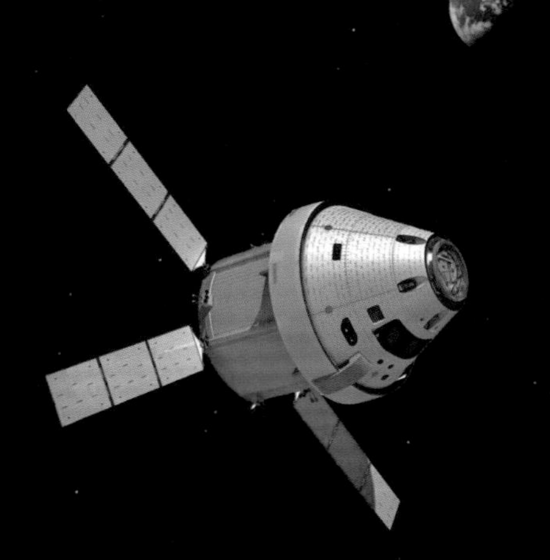

中国探月工程

中国探月工程分为“绕”“落”“回”三个阶段，之后实施载人登月计划。

发射时间	名称	类别	成就
2007 年 10 月 24 日	“嫦娥”1 号	撞击	绘制了月球表面的三维图。嫦娥一号的发射成功，标志着中国成为世界上第五个成功发射月球探测器的国家。
2010 年 10 月 1 日	“嫦娥”2 号	在轨运行	中国第一次开展拉格朗日点转移轨道和使命轨道的设计和控制，实现了 150 万千米远距离测控通信。
2013 年 12 月 2 日	“嫦娥”3 号	软着陆	中国第一个月球软着陆的无人登月探测器。
2019 年 1 月 3 日	“嫦娥”4 号	软着陆	实现了人类探测器首次月背软着陆，首次月背与地球的中继通信。

月球基地

月球基地是人类在月球上建立的从事科研、生活及其他太空活动的中心，最早是由美国提出的。建立月球基地有利于人们更好地开发与利用月球资源和探索月球，但此项计划花费巨大，目前还处于探讨阶段。

“阿波罗”计划

“阿波罗”计划也被称为阿波罗工程，是美国从1961年到1972年组织实施的载人登月飞行任务，实现了人类登月和对月球进行实地考察的梦想。

飞行任务

“阿波罗”计划从“阿波罗”7号一直到“阿波罗”17号，共发射17艘宇宙飞船。

“阿波罗”11号搭载“土星”5号火箭发射。

宇航员成功登上月球，“这是个人迈出的一小步，但却是人类的一大步”。

登上月球

1969年7月16日，“土星”5号火箭载着“阿波罗”11号飞船从美国卡纳维拉尔角肯尼迪航天中心升空，开始了人类首次登月的征程。

“阿波罗”11 号的发射进行了现场直播，全世界 6 亿多人一同见证了这一壮举。

1969 年 7 月 20 日，“阿波罗”11 号宇航员在月球上留下脚印。

“阿波罗”指挥服务舱

“阿波罗”13 号

“阿波罗”13 号于 1970 年 4 月 11 日发射，但在第二天服务舱发生了爆炸，飞船内的水、氧气外泄，电池组及二氧化碳过滤设备也被损坏。

“阿波罗”13 号绕地球轨道运行。

2012 年，美国国家航空航天局在肯尼迪航天中心展示了“阿波罗”13 号太空舱。

太空行走

太空行走也被称为出舱活动，这是载人航天工程的一项关键技术，也是进行航天工程设备投放、检查、维修等任务的重要手段。

宇航员在空间站工作。

太空行走第一人

1965年3月18日，苏联宇航员阿列克赛·列昂诺夫乘载“上升”2号载人飞船升空。在飞船经过苏联上空时，他系着绳子离开飞船进入太空，成为人类历史上第一个在太空行走的人。

“脐带”式行走

早期航天员在太空中活动需要有一根“脐带”与载人航天器相连，宇航员所需的氧气、电源等都是通过“脐带”提供的。而且航天员不能离开航天器太远，否则会被“脐带”缠绕，窒息而死。

便携式行走

便携式是指航天服背后有便携式的环控生保系统，它可以保证宇航员周围有适合的压力，有供氧和温湿度调节等，使他们正常生存，并能进行太空作业。

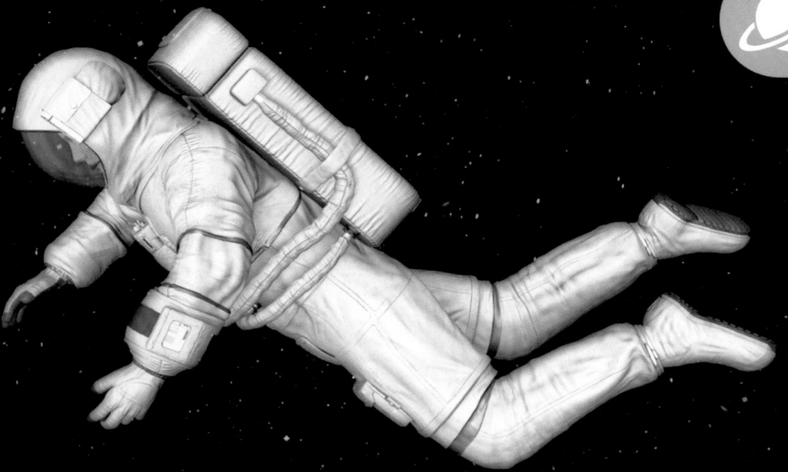

航天服

航天服是保障宇航员在太空中生命安全及进行活动和工作的装备。

背包推进装置，宇航员通过手柄控制器控制高压氮气的喷出，借以改变飞行的速度、方向和姿态。

这个操纵杆是用来控制背包推进装置的。

头盔上的镀金遮阳板可以抵挡宇宙中对人体有害的射线。

不同的红色条纹可以区分太空中的宇航员。

航天服的上衣由玻璃纤维制成，对宇航员的身体具有防护作用。

手套是航天服最重要的组件。

宇航员在月球

月球漫步

月球上的重力仅为地球重力的六分之一，这意味着宇航员在月球上的体重也只有地球上的六分之一。但这并不会使他们更容易行走，反而有时需要跳跃前行或者借助月球表面的尘埃、岩石等向前滑行。

月球土壤极细，呈粉状，这在一定程度上会阻碍宇航员们活动。

月球车

月球车是一种能够在月球表面行驶并完成月球探测、考察等任务的专用车，可分为有人驾驶和无人驾驶两种。

月球车的结构

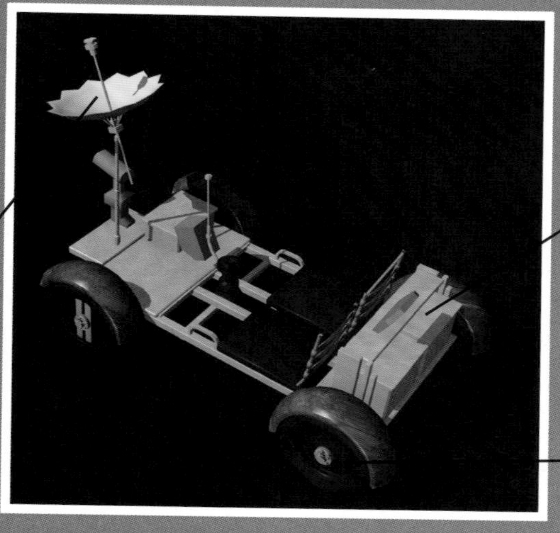

存储器，存放探月工具、月球岩石、土壤样品。

抛物面天线，用于向地球传送图像。

月球上温差大，太阳辐射强，轮胎要使用特殊材料，不能使用普通橡胶，否则会迅速老化。

采集标本

月球表面有许多岩石，宇航员会使用特殊工具采集岩石标本，带回地球研究。

执行任务

指令长在指令舱内工作，不登陆月球。指令舱是飞船的控制中心，存放着宇航员在太空生活的必需品和救生设备，后舱内还有制导导航系统以及船载计算机和无线电信号分析系统等。

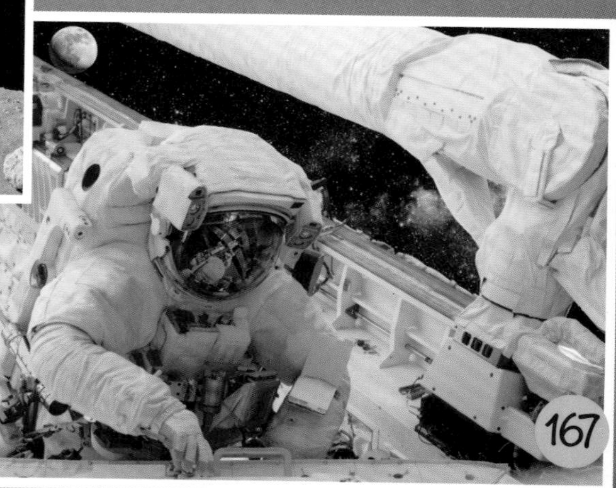

火星任务

2000 年，美国在南极洲发现一块含有类似微体化石结构的火星陨石，有科学家认为这是火星存在生命的证据。相比较于其他星球，火星更适合人类移民。

探测意义

40 亿年前的火星气候与地球相似，也有海洋、河流和陆地，探测其变化的原因对保护地球具有很大的意义。

人类一直好奇火星上是否存在生命，是否具有适合生命存在的物质，全球 7 个国家或地区陆续发射了 47 个火星探测器。

探测火星

时间	国家 / 地区	名称	成就
1996	美国	“海盗”1 号、“海盗”2 号	传回图像以及对土壤、大气的分析结果
1997	美国	“火星探路者”	发回古老漫滩照片以及土壤分析结果
1997	美国	“火星环球探路者”	为水的存在提供进一步的证据
2004	美国	“勇气”号、“机遇”号火星车	研究岩石土壤，搜寻水影响火星的证据
2006	美国	火星勘测轨道器	关注火星天气变化，寻找水存在的迹象
2019	美国	“好奇”号火星探测器	发现火星上存在过盐水湖

火星探测车

火星探测车也被称为火星漫游车，是一种能在火星表面行驶和探测的车辆。索杰纳、“勇气”号和“机遇”号等都是登陆过火星的探测车。

火星景观

沙尘暴

火星两极附近白色明亮的部分，被称为极冠，是由水冰与干冰组成的，会随着季节变化而消失。

美国航空航天局“机遇”号火星探测器拍摄的火星图像。

太空旅游

随着科学技术的发展，进入太空的不再只有宇航员，许多科学家、商人、记者等也能去太空旅行。

太空游客

美国商人丹尼斯·蒂托是第一个“太空旅行者”，他于 2001 年 4 月 28 日乘坐俄罗斯“联盟”TM-32 载人飞船进入国际空间站。

“联盟号”宇宙飞船

太空旅游的费用

乘坐“联盟”系列飞船体验轨道飞行的票价约为 2000 万美元。这样的花费一般人难以承受，但体验却是独一无二的。

飞机抛物线飞行

抛物线飞行不是真正意义上的太空旅游，它只是让游客体验太空失重的感觉，但仅半分钟左右。

高空飞行

高空飞行可以让游客体验身处极高空才有的感觉，游客可以看到地球的地形曲线和上方黑暗的天空。高空飞行主要使用俄罗斯的“米格-25”和“米格-31”高性能战斗机，它们飞行的高度可达到24千米。

亚轨道飞行

亚轨道是距离地面20~100千米的空间，处于飞机的最高飞行高度和卫星最低轨道高度之间。亚轨道飞行可以让游客体验几分钟的失重感。

轨道飞行

轨道飞行是真正意义上的太空旅行，太空旅行机构大多采用“联盟”号飞船。

图书在版编目（CIP）数据

太空那些重要的事 / 蒋庆利主编 . -- 长春 : 吉林出版集团股份有限公司 , 2020.10（2023.3 重印）
ISBN 978-7-5581-9205-0

Ⅰ . ①太… Ⅱ . ①蒋… Ⅲ . ①宇宙－儿童读物
Ⅳ . ① P159-49

中国版本图书馆 CIP 数据核字（2020）第 186064 号

TAIKONG NAXIE ZHONGYAO DE SHI
太空那些重要的事

主　　编：蒋庆利
责任编辑：朱万军　田　璐　张婷婷
封面设计：宋海峰
出　　版：吉林出版集团股份有限公司
发　　行：吉林出版集团青少年书刊发行有限公司
地　　址：吉林省长春市福祉大街 5788 号
邮政编码：130118
电　　话：0431-81629808
印　　刷：唐山玺鸣印务有限公司
版　　次：2020 年 10 月第 1 版
印　　次：2023 年 3 月第 3 次印刷
开　　本：889mm × 1194mm　1/16
印　　张：11
字　　数：138 千字
书　　号：ISBN 978-7-5581-9205-0
定　　价：128.00 元